U0168706

可信云服务度量与评估

姜 茸 马自飞 田生湖 杨 明 著

科学出版社
北 京

内 容 简 介

云服务的特点及其可信服务机制的有待健全制约了云服务的发展和应用,为此本书从风险度量和服务评价两个方面研究云服务可信性度量与评估问题。主要内容包括:①从云服务隐私风险、云服务技术风险、云服务商业及运营管理风险三个维度建立了云服务风险属性模型;②以云服务风险属性模型为基础,建立了基于信息熵、马尔可夫链、模糊集、支持向量机的云服务安全风险度量模型;③从云服务可视性、可控性、安全性、可靠性、云服务提供商生存能力及用户满意度等多个方面构建了云服务可信服务属性模型,该模型充分考虑了各因素之间的层次性和关联性,以此对云服务可信性作出系统描述,为云服务可信性评价奠定了基础;④使用信息熵、马尔可夫链、灰色聚类方法建立了云服务可信性评价模型,为度量和评估云服务可信性提供了切实可操作的理论和方法。

本书可供信息管理、计算机、管理科学等专业的硕士和博士研究生学习,也可供云服务安全及可信性管理相关领域的科研人员参考。

图书在版编目(CIP)数据

可信云服务度量与评估 / 姜茸等著. —北京:科学出版社,2020.9
ISBN 978-7-03-065898-2

Ⅰ.①可… Ⅱ.①姜… Ⅲ.①云计算–科技服务–评估–研究
Ⅳ.①TP393.027

中国版本图书馆 CIP 数据核字(2020)第 156337 号

责任编辑:杨逢渤 / 责任校对:樊雅琼
责任印制:吴兆东 / 封面设计:无极书装

科学出版社 出版
北京东黄城根北街 16 号
邮政编码:100717
http://www.sciencep.com
北京厚诚则铭印刷科技有限公司 印刷
科学出版社发行 各地新华书店经销

*

2020 年 9 月第 一 版 开本:720×1000 B5
2021 年 1 月第二次印刷 印张:15
字数:302 000
定价:168.00 元
(如有印装质量问题,我社负责调换)

作者简介

姜 茸，男，1978 年 2 月生，教授，博士/博士后，博士生导师。云南省"万人计划"产业技术领军人才，云南省有突出贡献优秀专业技术人才，享受云南省政府特殊津贴专家，云南省中青年学术和技术带头人，云南省优秀教师，云南省服务计算与数字经济创新团队带头人；云南财经大学特聘教授；云南省高校服务计算与安全管理重点实验室主任，昆明市信息经济与信息管理重点实验室主任。

近年来，主持国家自然科学基金项目 4 项，国家社会科学基金项目 1 项，全国统计科学研究项目 1 项，中国博士后科学基金面上项目 1 项，教育部基金项目 2 项，云南省基础研究项目 3 项（重点 1 项、面上 2 项），云南省社会科学项目 3 项；在国家一类出版社出版著作 7 部，其中，学术专著 3 部，主编"十一五"、"十二五"、"十三五"规划教材 4 部；在 Springer、IEEE 出版社旗下的刊物以及其他国内外刊物发表论文 60 余篇，其中，《科学引文索引》（SCI）收录 16 篇，《社会科学引文索引》（SSCI）收录 1 篇，《工程索引》（EI）收录 31 篇，《中文社会科学引文索引》（CSSCI）收录 5 篇，核心期刊若干篇；第一发明人专利 13 项；独立/第一完成人获计算机软件著作权 10 项；获全国商业科技进步奖、云南省自然科学奖、昆明市科学技术进步奖等各种荣誉 60 余项。

马自飞，男，1990 年 3 月生，理学博士，云南大学博士研究生。主持云南省教育厅科学研究基金项目 1 项、云南大学研究生科研项目 2 项，参与多项国家自然科学基金项目、国家社会科学基金项目、教育部人文社会科学研究青年基金项目；发表论文 10 余篇，其中，SCI 收录 5 篇，EI 收录 5 篇，CSSCI 收录 2 篇，中文核心期刊若干篇；参与撰写学术专著 1 部；获优秀团员、优秀党员、优秀学生干部、优秀毕业生、云南省政府奖学金、东陆英才个人学术奖等各种奖励。

田生湖，男，1984 年 9 月生，管理学博士，云南财经大学讲师，昆明理工大学管理与经济学院博士研究生。主持完成云南省哲学社会科学教育科学规划项目、云南省教育厅科研基金项目各 1 项，参与完成或在研国家自然科学基金项目、国家社会科学基金项目、全国教育科学规划项目、云南省哲学社会科学规划项目多项；合作出版专著 2 部；公开发表学术论文 20 余篇，其中 CSSCI 收录 5 篇，中文核心期刊 3 篇，《会议录引文索引》（CPCI）收录 1 篇。

杨　明，男，1987 年 3 月生，理学博士，云南财经大学副教授。主持云南省应用基础研究青年项目 1 项，云南省软件工程重点实验室开放基金项目 1 项，任项目副组长承担完成云南省哲学社会科学规划项目 1 项，参与完成国家级项目 2 项，参与云南省应用基础研究面上项目 1 项；发表论文 20 余篇，其中，SCI 收录 4 篇，EI 收录 7 篇，CSSCI 收录 2 篇，中文核心期刊 2 篇，中国科技核心期刊 5 篇；获昆明市科学技术进步奖、红云园丁奖、优秀教师、优秀课堂教师等各种奖励。

前　言

　　云服务是近年来全球信息产业界、学术界、政府等各界最热门、最关注的新技术之一，是新一代信息技术变革的核心，它代表着 IT 领域向集约化、规模化与专业化道路发展的趋势，是 IT 行业不可阻挡的发展大趋势。不仅如此，世界各强国都把云服务作为未来战略产业的重点。云服务是国家战略需要，其发展前景和优势是毋庸置疑的。

　　但是，云服务在发展过程中，仍然面临着前所未有的挑战。在传统网络模式下，用户与大量的设备处于同一地点，用户可以物理访问机器并对其状态进行实时监控，还可配备专业的、可信任的管理团队进行管理和维护。但在云环境下，云用户的数据和应用都上传和部署至云端，由云服务提供商（简称云服务商）来管理基础设施，用户仅能利用网络连接云端做有限的操作，不仅失去了数据的第一掌控权，也失去了设备管理权，这些控制权的失去，一方面使得云服务的安全性面临严峻挑战，另一方面用户对云服务的安全性产生怀疑，也直接影响着云服务的可信性。

　　这些问题致使大多数用户不愿接受云服务。相关调查显示：88%的潜在云用户都担心云服务的可信性；美国易安信公司信息安全事业部 RSA 机构原副总裁兼首席安全战略官 Tim Mather 也认为云计算服务提供商的信任问题是采用云服务的主要障碍之一；著名机构高德纳咨询公司（Gartner）的调查结果显示：70%以上受访首席技术官（chief technology officer，CTO）认为近期不采用云服务的首要原因是安全风险问题；互联网数据中心（Internet Data Center，IDC）的调查结果显示：75%的受访者一致认为安全风险是云服务发展的最大挑战，是其最关心的问题；优利公司（Unisys）的调查结果显示：72%的人认为阻碍云服务的首要原因是安全风险问题；日本学者 Tanimoto 等的（2011）调查结果显示：用户采用云服务的最大顾虑是安全风险问题；弗雷特研究公司（Forrester Research）的调查结果显示：90%以上的德国和法国首席信息官（chief information officer，CIO）声称，安全风险性保障是他们采用云服务的前提。

　　云服务的安全性与可信性两者之间联系紧密，越安全即越可信，越可信即越安全。云服务的可信性与安全性问题已严重阻碍了云服务的发展，其根源在于云服务的特点、云服务安全技术、风险管理理论、可信理论等的不完善。要大规模应用云服务技术与平台，发展更多用户，推进云服务产业发展，就必须开展云服务安全风险理论研究，度量和评估云服务可信性刻不容缓。但是，目前这方面理论研究极为匮乏！

在云服务可信性研究过程中，不能忽视云服务的安全性问题。鉴于此，本书结合云服务的安全性与可信性属性，探索用信息熵、马尔可夫链、模糊集、支持向量机等理论和方法研究云服务安全风险及可信性度量与评估问题。本书整体上按照基本概念、云服务安全风险度量与评估、云服务可信性度量与评估、管理对策建议及展望的逻辑安排篇章结构。

第一篇由前3章构成，主要介绍研究中涉及的基本概念、基本原理及方法，也包括研究背景和意义、研究范围、组织结构安排等内容。第二篇由第4~第8章构成，主要研究云服务安全风险度量问题，包括云服务风险特征分析及风险属性模型、基于信息熵和马尔可夫链的云服务安全风险度量、基于信息熵和模糊集的云服务安全风险评估、基于信息熵和马尔可夫链的云服务安全风险评估、基于信息熵和支持向量机的云服务安全风险评估等内容。第三篇由第9~第11章构成，主要研究云服务可信性评估问题，包括云服务可信性因素分析及属性模型、基于信息熵和马尔可夫链的云服务可信性度量、基于信息熵和灰色聚类的云服务可信性评估等内容。第四篇由第12章和第13章构成，在前述研究结果的基础上，主要探讨云服务风险管理与可信性管理方面的对策建议，并对前期研究工作进行了回顾总结，同时对未来研究的可能路径进行了思考和展望。

本书的研究工作得到国家自然科学基金项目（61303234、71972165、61763048、61263022）的支持，本书的出版得到云南财经大学的支持，在此深表感谢！项目研究过程中张秋瑾、张静女士做了部分工作，在此一并表示感谢！

由于作者水平和时间所限，书中难免存在不当之处，敬请广大读者批评指正。

作　者

2020年5月于云南财经大学

云南省高校服务计算与安全管理重点实验室

昆明市信息经济与信息管理重点实验室

目　　录

第四篇　管理对策建议及展望

第一篇 基本概念

第1章 | 绪 论

在 20 世纪 60 年代云服务的思想就已萌生，约翰·麦卡锡（J. McCarthy）作为云服务的先驱曾预示在未来计算机能力也能够像水、电、煤气等商品一样，以一种按需服务的模式被公众取用和购买。如今，随着传统数据采集和存储方式的转变，过去无法实现的海量数据存储在今天已经成为可能。在此基础上，为了应对当前计算量越来越庞大、数据结构越来越复杂、实时变化越来越快的用户业务需求，云服务以一种崭新的姿态出现在了大众眼前，它改变了大众对于互联网业务的认识，凭借其强大的计算能力和高效、低廉、便捷的服务特点受到各行各业的青睐。随着国内外云服务研究的深入和互联网知识的普及，越来越多全新的服务和应用模式正逐渐显现，为当前政府、企业或是个人业务需求的处理带来了极大的方便。

云服务是网格计算、并行计算、虚拟化等技术进一步发展而来的产物，是时代发展的需求，也是时代所赋予我们的机遇和挑战。目前，云服务正向着更贴近用户需求、更多样化、更便捷的服务方向发展，被众多学者认为是又一次重大的技术产业革命，势必会对未来信息化产业的发展带来长远的影响。云服务的市场潜力巨大，对传统产业的转型升级和新兴企业的成长具有重大的意义，全世界许多国家都对其发展寄予厚望，将云服务列为国家产业发展的战略重点。

然而，作为一种基于互联网的新兴产业模式，云服务的发展仍处于起步阶段。它是由传统技术发展和融合而来的产物，虽然在技术支撑上并不缺乏，但是在多技术运用的过程中却难免会产生技术上的疏漏。另外，许多企业对于云服务的实施和应用都处于尝试的阶段，未能妥善做好风险的预防和控制措施，在面对突发风险时，由于自身经验的不足通常会显得措手不及，从而造成不必要的经济损失。可见，虽然云服务能够为用户提供强大的计算能力，但是云服务多租户、资源共享、跨区域分布等特点也为用户的数据安全带来了隐患。近年来不乏用户信息被盗、数据丢失、隐私泄露的相关消息被报道，一时间云服务的安全性成为云用户最为关心的问题。除此之外，在执行云服务的过程中，管理和技术的支撑也必不可少，突发的网络攻击、负载过重、自然灾害等都会导致服务的中断，给风险的维护造成较大的困难。更进一步，即使不考虑风险的管理与技术因素，服务商所采取的运营方式和所处的环境也是对当前云服务安全重大的威胁。已知在当前服务双方的关系中，用户只能够凭借自身的认识和经验去判断某服务商所能够提供的服务及其安全性，在使用过程中也只具有部分管理和控制权限。相比较服务商则具有较大的管理和控制权限，服务双方的这种不平衡势必为用户的隐私安全埋下了隐患。一旦风险发生，双方都将受到直接的危害，此时对于风险的责任应该如何判定，赔偿应该如何执行，当前的相关法律法规都没有明确说明。法规的缺失导致了风险纠纷处理的困难，同时也为犯罪分子带来了可乘之机，威胁着整个云服务的安全，同时也直接影响着云服务的可信程度。综上所述，云服务虽然有较好的发展前景，是未来经济发展的重要支点，但当前云服务技术运用的不规范、管理方案的落后、运营经验的不足、服务双方的不理解、法规的不完善、监督部门的缺失等却成为制约当前云服务推广和发展的关键。

要彻底地解决以上问题，加快当前云服务发展的脚步，就需要深入地对当前云服务安全风险环境和可信程度进行全面剖析。但是传统的风险研究理论却并不能很好地适用于云服务风险环境的描述和研究，而目前对于云服务安全风险的研究又较为笼统和匮乏，大部分都是经验型的定性分析，未能通过数据的对比和解释来说明各风险的特征及其相互关联。即使有定量的分析也只是集中于以上诸多问题中的一个问题，并且在量化分析的过程中存在较大的人为主观因素影响，导致研究结果与真实数据之间存在差异，不能够准确地反映和说明当前云服务所处的风险环境和可信程度。为此，本书拟在现有相关风险理论和云服务研究的基础上，结合系统科学理论、系统工程的实践方法、信息论以及相关的数学计算方法综合地对云服务安全进行探讨和研究，克服以往研究过程中所存在的问题，围绕当前云服务发展过程中所遇到的问题通过调查研究进行风险因素的梳理和分析，并在此基础上建立云服务安全风险的度量与评估模型，同时，进一步对影响云服务可信性的因素进行凝练和分析，建立云服务可信性属性模型和云服务可信性度量与评估模型，最终为风险的管理和决策提供合理、可靠的实施方案。

1.1 研究意义

（1）云服务是国家战略需要

云服务是近年来全球信息产业界、学术界、政府等各界最热门、最关注的新技术之一，是新一代信息技术变革的核心，它代表信息技术（information technology，IT）领域向集约化、规模化与专业化道路发展的趋势，是 IT 行业不可阻挡的发展大趋势。我国"十二五"规划和"十三五"规划纲要都将云服务列为重点发展的战略性新兴产业，《"十三五"国家战略性新兴产业发展规划》指出"加快建设'数字中国'，推动物联网、云计算和人工智能等技术向各行业全面融合渗透，构建万物互联、融合创新、智能协同、安全可控的新一代信息技术产业体系"。以云服务为驱动力的绿色低碳和公共效用 IT 已受到世界各国政府的极大关注和重视（冯登国等，2011），世界各强国都把云服务作为未来战略产业的重点，支持云服务关键技术研发和重大项目建设。

（2）云服务成本低、能力强、使用便捷、管理轻松

云服务环境中，用户不需投资基础设施就可获得强大的计算能力（Ward and Sipior，2010），只要向服务商提出请求和交纳低廉的费用即可。它使得用户从基础设施投资、管理与维护的沉重压力中解放出来，可以更专注于自身核心业务发展（冯登国等，2011）。

（3）云服务市场潜力巨大

根据 IDC 调查，未来 5 年云服务市场将增长 3 倍（Ward and Sipior，2010）。据权威机构 Gartner 预测，世界云服务总收入未来几年的增长率可能高达30%，是传统 IT 行业增长速度的 6 倍，在 2015 年将突破 2400 亿美元（Wyld，2010）。计世资讯（CCW Research）的数据表示，2012 年我国云服务市场规模达到 181.6 亿元，2013 年达到 266.2 亿元，在 2014 年已经到达 383.6 亿元，每年同比增长高达 40%以上。云服务市场范围广阔，市场潜力巨大，IDC 表示云服务市场正进入一个"创新阶段"，将会有越来越多的全新的云服务形式出现，其涉及的领域和范围也将越来越广。

（4）安全风险是云服务发展的最大障碍

云服务有很好的前景和优势，但是，目前用户对其接受程度很低，更多人采取观望态度，它在应用推广上遇到巨大困难，安全风险问题是云服务发展的最大障碍（Morrell and Chandrashekar，2011；Sun et al.，2011）。著名机构 Gartner、IDC、Unisys 分别对全球做调查（Ahmad，2010），Gartner 的调查结果显示：70%以上受访 CTO 认为近期不采用云服务的首要原因是安全风险问题（Ahmad，

2010）；IDC 的调查结果显示：75%的受访者一致认为安全风险是云服务发展的最大挑战，是其最关心的问题（Ahmad，2010）；Unisys 的调查结果显示：72%的人认为阻碍云服务的首要原因是安全风险问题。日本学者 Tanimoto 等（2011）的调查结果显示，用户采用云服务的最大顾虑是安全风险问题。Forrester Research 的调查结果显示，90%以上德国和法国 CIO 声称，安全风险性保障是他们采用云服务的前提。可见，安全风险问题已经成为云服务发展的桎梏，是很多人不愿意采用云服务的首要原因（Subashini and Kavitha，2011）。

（5）云服务风险和可信性度量与评估既是理论诉求也是实践需求

学界普遍认为建立云服务可信性评估认证机制是推动云服务健康、快速发展的有效途径。认证体系产生于云服务风险度量及可信性评估的基础之上，评估认证既有利于检测云服务商本身在技术和管理上的可信任程度，也有利于消除用户无谓的担忧，促进用户态度由"用不用"向"用谁的"转变。可信云服务认证体系的建立不仅为用户选择云服务商提供了参考依据，同时也为提升云服务生态系统的可信性奠定了基础。行业实践迫切需要云服务风险和可信性度量与评估方面的理论指导，而当前云服务风险和可信性度量与评估方面的理论研究还很不深入，难以指导实践发展。因此，云服务风险和可信性度量与评估研究既能回应理论发展诉求，也能在一定程度上满足行业实践需求。

（6）结论

安全风险和可信性问题严重阻碍云服务的发展，其根源在于云服务的特点和云服务环境下的安全风险管理决策理论的匮乏（Grobauer et al.，2010）。因此，要大规模应用云服务技术与平台，发展更多用户，推进云服务产业发展，就必须开展云服务环境下的安全风险理论研究，度量和评估该风险刻不容缓（Sangroya et al.，2010）。

目前这方面理论研究极为匮乏（Grobauer et al.，2010）。本书的研究不但可以缓解云服务风险及可信性理论研究极为匮乏的局面，同时可供政府、企业和用户应用或参考，从而有力推动云服务的推广普及。这也正是本书研究具有较大的理论和实际意义的直接体现与反映。

1.2　主要研究内容

安全风险和可信性度量与评估是当前云服务研究的重点，也是云服务普及、发展和延伸的客观需求。一方面，通过安全风险的度量与评估将能够为风险的识别、风险的分析、风险的管理控制以及风险的应对提供科学的依据，以此来营造能够支持云服务长期稳定运作的安全环境；另一方面，通过进一步对云服务的可信性进行度量与评估，不仅能够及时了解服务过程中的薄弱环节，加强云服务的可信程度，从而为用户提供值得信赖的云服务。对此，本书拟在"有限目标、重点突出"的思想指导下，系统深入地对云服务安全风险度量模型与云服务可信性评估模型展开深入研究。然而，要建立此模型，首先需要根据云服务安全风险的特点，展开详细的风险因素研究，通过对这些风险因素的梳理为风险的度量和评估奠定基础，最终根据风险的度量与评估结果解释当前云服务的风险环境。此外，结合云服务安全性进一步分析和凝练影响云服务可信性的众多因素，构建描述云服务商可信性的属性模型，然后建立云服务可信性度量与评估模型，最后针对研究过程中所存在的关键问题提出合理的管理对策及建议。

总的来说，本书的主要研究内容包括以下几个方面。

（1）风险因素的梳理研究

云服务隐私风险因素：隐私安全一直是用户在考虑选择某云服务时最为关心的首要因素。云服务复杂的风险环境决定了其隐私安全必然会受到诸多因素的影响。本书将围绕用户的隐私安全，从不同的角度探讨在云服务和应用过程中可能对用户隐私形成威胁的风险因素，包括用户隐私数据的窃取、泄露、公开和丢失等风险问题。

云服务技术风险因素：技术因素是支撑云服务应用安全的关键，也是实现云服务长远发展的关键。采用哪些技术能够降低风险？不采用某种技术将会存在何种风险隐患？当前的技术支持存在哪些弊端？围绕这些问题本书将通过调查研究和实例分析的方法凝练云服务环境下技术风险的主要因素。

云服务运营管理风险因素：云服务作为一种新兴的商业模式，在管理制定和运营规范上显得较为落后。云服务商的经验不足，对于云服务的实施和管理都处于摸索阶段，面临运营管理中突发的风险将难以应对；另外，目前法律法规的不完善，也为云服务的安全带来了隐患。这就导致当前云服务系统在实际的运营管理过程中存在诸多的风险可能，对此本书将整理和列举这些有关风险因素来支撑后续的风险度量和评估研究。

（2）云服务安全风险属性模型

要研究云服务安全首先需要解决的就是进行风险的识别，并梳理它们之间复杂的关系，建立系统的研究体系。对此本书站在用户和服务商双方的角度，围绕云服务用户隐私安全、系统运行技术支撑以及商业环境威胁等安全问题展开了详细的探讨，凝练了云服务环境下隐私、技术、商业及运营管理三个维度的若干风险因素，并在此基础上结合系统科学理论的研究方法，根据它们之间的交叉关系建立后续用于度量和评估的云服务安全风险属性模型。

（3）云服务安全风险度量模型

风险的度量是本书研究的核心内容之一，风险度量的任务就是量化风险的大小（整体、局部或是单个风险因素）。鉴于风险是一个抽象的概念，要对其进行度量势必会存在人为主观的界定，如何有效降低风险度量过程中人为主观偏差的影响是本书风险度量所需要解决的关键问题。对此，本书将在所建立安全风险属性模型的基础上，结合传统风险理论和信息熵计算方法从不同层次、不同角度综合地对云服务风险大小进行度量，从而建立云服务安全风险的度量模型，将该模型代入具体案例中进行分析，并从理论上对所提出模型的科学性和合理性进行论证。

（4）云服务安全风险评估模型

风险的度量解决了抽象风险量化分析的问题，而风险的评估则是在此基础上对云服务风险环境进行评价和分析的研究。本书所采取的风险评估是一种定性定量相结合的方法，通过风险的评估能够定量描述当前云服务环境的安全性高低程度，为用户提供一个可供参考比较的评估结果，同时也能够为云服务商风险的管理和控制提供最直接有效的科学依据。

（5）云服务可信性属性模型

研究云服务可信性问题首先要识别影响云服务可信性的关键因素，该部分从云服务可视性、可控性、安全性、可靠性、云服务商生存能力以及用户满意度六个维度识别影响云服务可信性的重要因素，并对各因素的主要内容进行梳理和阐释，针对各因素进行详细说明。根据因素类别的划分，最终建立具有交叉关系的云服务可信性属性模型，为后续的可信性度量奠定基础。

(6) 云服务可信性度量模型

根据云服务可信性属性模型，结合信息熵和马尔可夫链原理，提出对云服务可信程度进行度量的方法。建立云服务可信性度量模型，并对该模型进行案例分析。对所提出模型的合理性进行验证，并说明模型的优势和特点。

(7) 云服务可信性评估模型

针对云服务商的特点和用户需求，分析和选取影响云服务商信任程度的因素，建立恰当的评估指标，为进一步评估云服务商的信任程度提供基础。在评估指标的基础上，结合信息熵与灰色聚类，建立白化权函数，计算聚类权，判定云服务商可信性所属灰类，从而提出云服务信任评估模型。将云服务信任评估模型代入具体的案例中进行研究，并对所提出评估模型的优势及合理性进行论证。

(8) 云服务安全风险及可信性管理对策及建议

最终在经过安全风险及可信性度量和评估的基础上，针对当前云服务过程中所存在的主要问题，结合未来云服务发展的客观需求，围绕法律法规的制定、技术运用的规范、用户隐私的保护及管理制度的完善等方面提出若干合理的管理对策及建议，从而规范当前云服务市场，营造安全的云服务环境，加速当前云服务技术的发展和应用推广。

1.3 主要创新成果

本书围绕云服务安全风险及可信性展开了深入的研究，所取得的主要创新成果包括以下方面。

1) 通过风险的梳理，从隐私、技术、商业及运营管理三个维度列举和说明了可能存在的若干风险因素，并在此基础上考虑各风险因素之间的关联，建立云服务安全风险及可信性属性模型，实现对云服务风险环境系统全面的描述。

2) 采用信息熵的计算方法，有效地降低了在对风险大小进行评估界定时人为主观偏差较大的影响，所得风险度量结果较为客观，缩小了度量结果与真实数据之间的差异。

3) 相对以往的研究，本书所提出风险及可信性度量模型，引入了对风险与信任多种随机可能状态变化的描述和考虑（即各风险同时发生或单独发生不确定性的考虑），并结合马尔可夫链原理计算风险发生的稳态概率，克服了以往对于云服务安全风险之间不确定性研究不足的缺点。

4）采用定性定量相结合的方法，针对不同的问题提出了多种云服务安全风险及可信性的度量与评估研究方法，实现了对云服务的安全性与可信性的多层次、多角度评估，做到了"具体问题，具体分析"。

1.4　本书组织结构

本书整体的研究思路如图 1-1 所示。

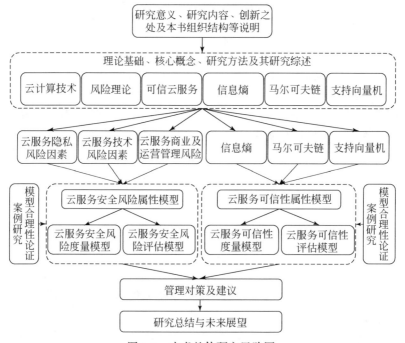

图 1-1　本书整体研究思路图

按照项目的研究思路，本书共分为 4 篇 13 个章节，其中各章节的具体内容编排分别如下所示：

第一篇　基本概念

第 1 章　绪论

介绍了本书研究的背景和意义、主要研究内容，阐述了本书的主要创新成果，最后介绍了本书组织结构安排和各章节主要内容。

第2章　核心概念及研究综述

本章阐述了本书相关研究的核心概念与基础理论，并对国内外当前研究现状进行了综述。主要包括云服务、云服务安全风险、信任及可信性、风险理论以及云服务可行性研究的相关基础理论介绍和研究综述，探讨了本书研究工作中所需要解决的问题，最后结合本书研究的特点，论述了这些相关基础理论对本书研究工作的意义，指出了后续研究工作的方向。

第3章　主要研究方法及应用现状

本章主要介绍了研究中所采用的主要研究方法，并对相关研究方法的定义、特点、适用范围以及研究现状进行了剖析。主要包括信息熵、马尔可夫链以及支持向量机等。

第二篇　云服务安全风险度量与评估

第4章　云服务风险特征分析及风险属性模型

本章围绕用户隐私保护、系统技术支撑和服务运营管理讨论，将云服务安全风险划分为隐私风险、技术风险、商业及运营管理风险三个维度，并通过对当前云服务理论和应用状况的调查、研究和分析，结合现有的风险理论，提出了若干风险因素，并将这些风险因素进行梳理建立了云服务安全风险属性模型。

第5章　基于信息熵和马尔可夫链的云服务安全风险度量

本章在所建立的云服务安全风险属性模型的基础上，围绕各风险因素特点和各因素之间的关联性，结合信息熵原理和马尔可夫链针对云服务风险的大小展开了深入的研究和探讨，提出了云服务安全风险度量模型，最终将模型代入到具体的案例中进行实证分析，并从理论上对模型的科学性和合理性进行了论证。

第6章　基于信息熵和模糊集的云服务安全风险评估

本章基于模糊集理论，围绕云服务安全风险因素的损失影响和威胁频率，建立了用于评估的风险因素集、评价集和隶属度矩阵，并结合熵权理论对各风险因素进行了权重赋值，最终通过计算定义了云服务安全风险的等级，为云服务安全风险的评估提供了有效的方法。

第7章　基于信息熵和马尔可夫链的云服务安全风险评估

本章根据用户所关心的问题，将云服务安全分为了数据安全、网络安全、物理环境安全、管理控制安全、软件应用安全和商业安全6个方面，结合信息熵和马尔可夫链方法围绕风险的损失影响、威胁频率和不确定性程度对云服务安全风险进行了详细的量化评估，最终建立了风险评估模型并对该模型的科学合理性进行了论证，实现了对云服务安全多层次、多角度的评估。

第 8 章　基于信息熵和支持向量机的云服务安全风险评估

本章以云服务安全技术风险为例，针对样本数据较少的特殊情况，提出了基于信息熵和支持向量机的云服务安全风险多分类和评估的方法，并验证了该方法的科学合理性，为风险的评估研究提出了新的思路。

第三篇　云服务可信性度量与评估

第 9 章　云服务可信性因素分析及属性模型

本章将影响云服务可信性的因素划分为可视性、可控性、安全性、可靠性、云服务商生存能力和用户满意度六个维度，从这六个维度分析和梳理了影响云服务可信性的诸多因素，并对各因素的相关性进行了详细的论证说明。根据因素类别的划分，最终建立了具有交叉关系的云服务可信性属性模型，为后续的可信性度量奠定基础。

第 10 章　基于信息熵和马尔可夫链的云服务可信性度量

本章根据云服务可信性属性模型，结合信息熵和马尔可夫链原理，提出对云服务可信程度进行度量的方法，建立了云服务可信性度量模型，并对该模型进行案例分析，从而对所提出模型的合理性进行验证，并说明模型的优势和特点。

第 11 章　基于信息熵和灰色聚类的云服务可信性评估

本章针对云服务商的特点和用户需求，分析和选取影响云服务商信任程度的因素，建立恰当的评估指标，为进一步评估云服务商的信任程度提供基础。在评估指标的基础上，结合信息熵与灰色聚类方法，建立白化权函数，计算聚类权，判定云服务商可信性所属灰类，从而提出了云服务信任评估模型。最后采用案例研究对所提出评估模型的优势及合理性进行论证。

第四篇　管理对策建议及展望

第 12 章　云服务管理对策和建议

本章在之前安全风险、可信性度量与评估的研究结果基础上，根据当前云服务发展的现状，围绕云服务安全在用户隐私保护、技术运用规范、法规约束、管理制度完善等多个方面的需求提出了若干管理对策和建议，并说明了在实施过程中各角色和部门所需要完成的工作和决策需求，为推动当前云服务的发展提供了可行合理的方案。

第 13 章　结论与展望

本章是结束部分，针对本书所做的工作进行了回顾和总结，点明了本书研究的特点，同时也指出了本书研究未能考虑到的方面，提出了未来的研究思路和主要工作，对后续研究进行展望。

第 2 章 核心概念及研究综述

2.1 云 服 务

2.1.1 云服务的概念

云服务是在当前数据时代对计算能力的需求下，将网格计算、并行计算等技术进一步提升所发展而来的互联网产物。作为一种全新的服务模式，它能够面向来自不同区域、不同需求的云租户群提供所需的服务。在使用过程中由于其取用方便和低成本等特点，极大地节省了企业用户在项目实施和管理过程中的成本，受到诸多 IT 企业的青睐。

如今，云服务的概念对于当前大多数企业来说都已不再陌生，但是对于云服务的具体定义，不同的人却持有不同的理解。Hewitt 认为云服务是将信息长久地存储在云端，当租户使用时只是将信息在客户端进行缓存（Hewitt，2008）；美国国家标准与技术研究所（National Institute of Standards and Technology，NIST）（Mell and Grance，2011）将云服务定义为一种通过互联网可以随时随地、便捷、按需地访问共享资源池（如计算设施、存储设施、应用服务等）的计算模式，它可以根据具体需求变化向用户提供三种服务模式，分别是基础设施即服务（IaaS）、平台即服务（PaaS）和软件即服务（SaaS）；加利福尼亚大学伯克利分校认为云服务既指通过互联网以服务方式提供的应用程序，也指在数据中心用来提供这些服务的硬件和系统软件（Armbrust et al.，2009）；中国云服务专家刘鹏（2010）则认为，云服务是将计算的任务发布在大量计算机所构成的应用资源池中，使各种系统能够按需获得计算力、存储空间和各种应用软件服务。诸多学者虽然从不同的角度对云服务进行了定义，具体定义未能统一，但是云服务强大的计算能力、多租户共享、跨区域分布、服务资源池化、自适应业务负载、方便取用等特点却得到了所有学者的认可。

　　云服务本身对于用户是透明的，用户并不需要了解其相关的操作和具体实现技术。但是对于云服务商而言，却是需要不断地做到技术创新才能适应日益剧增的用户需求。随着云服务技术的发展，当初仅以一台大型主机作为服务器进行数据存储和管理的模式已经在虚拟化技术的支撑下逐渐演变为集运营支持、信息资源服务、核心计算、数据存储和备份等为一体的跨区域分布云数据中心模式（钱琼芬等，2012）。通过虚拟化技术能够在一台主机上运行多个虚拟服务器，从而提升服务器的工作效率。然而，要建立一个数据中心并实现虚拟资源的管理却面临着许多的问题。为此，国内外的相关研究主要集中在资源的虚拟化（辛军等，2010）、资源的提供（Van et al.，2009；袁文成等，2010）、虚拟环境的部署、服务的请求和调度（Sotomayor et al.，2007）、网络的故障冗余能力（张怡和孙志刚，2009；Machida et al.，2010）及虚拟机的动态迁移（刘鹏程和陈榕，2010）和负载均衡（Zhou et al.，2010）等方面，这些问题都是当前云服务发展过程中所需要解决的问题，将直接影响到整个云服务系统的服务质量（quality of service，QoS）、可用性、可靠性、安全性及可扩展性等（张建勋等，2010）。

2.1.2　云服务发展趋势

　　云服务的诸多特点，决定了它所面向的将是一个极其广阔并且能够不断得到延伸的应用领域。目前，云服务技术从最初的数据存储，已经逐渐开始朝着电子商务、社交网络、图书馆、政务管理、搜索引擎、移动通信和物联网等应用方面发展，并成为美国、英国、日本和中国等诸多国家战略的需要（姜茸和杨明，2014）。云服务为云服务商和云服务使用者提供了双赢的机会和途径。云服务商往往是大型 IT 企业，云服务不仅能够解决这些大型企业成千上万的服务器和集群闲置造成的资源浪费问题，而且创造了一种前所未有的商业模式，甚至表现出重塑商业新生态的潜力和势头。对中小型企业和用户个体来说，不需要花巨资构建数据中心，就可以随时随地使用云服务商提供的计算、存储、平台和软件等大规模 IT 资源，并且其价格低廉，取用方便，这使得用户（企业、政府机构、事业单位，乃至个体）可以把更多的时间放到自身核心业务的发展过程中（冯登国等，2011），让其能够全力关注业务创新，追求企业或事业快速发展。因此，云服务未来市场潜力巨大，必将受到越来越多行业的关注。

　　作为一种新兴的资源使用和交付模式，云服务为资源使用者提供按需使用和随时扩展的服务（Takabi et al.，2010）。但是，随着技术的更新和应用领域的变化，云服务的安全性问题正逐渐显现（Sharma，2013），Salesforce. com①、Gmail（谷歌邮箱）、Intuit（财捷集团，一种提供金融和税收服务的软件）以及众所周知的亚马逊（Amazon）都出现过服务不可用问题，加上云服务本身的不透明性和不清晰的安全保证，以及用户对自身数据失去控制的不安全感，使得云服务产生了用户信任危机。安全与可信问题已成了制约当前云服务推广和发展的首要问题。无论是云服务的管理方案、处理技术，还是所处的应用环境，都将影响到其安全，安全性的缺失势必造成用户的不信任。因此，在未来的研究中，这些关键问题都有待得到进一步解决。

2.2 云服务安全与风险

2.2.1 风险理论

风险一词由来已久，它是一个中性的概念，普遍存在于社会的各个领域，与人们的一言一行密切相关。在风险的认知过程中，随着实践活动中个人经验和客观环境的变化，个人对于风险的主观理解也将改变。风险虽然是客观存在的，但是对于风险的认识却是主观的。Willett（1951）认为风险是不希望发生事件不确定性的客观体现。Drèze（1974）将风险定义为 exposure to uncertainty，即认为风险是关于事物不确定性的暴露。他们在对风险的阐述过程中都提到了风险的不确定性，从风险发生的可能性上强调了风险的不确定性特征。而相对于此类定义，另一种风险认识，则强调了风险发生后所表现出的损失不确定性，认为风险是实际结果与预期结果的一种偏差（陈志国，2007），并以此来对风险的损失进行度量。而正是由于风险的这种损失性，越来越多的研究开始注重对风险损失的控制，期望通过风险的管理有效地避免和降低风险事件发生后的不良影响。

风险管理的思想最早诞生于 20 世纪 50 年代，由最初的保险型静态风险管理已经逐渐发展为当前经营型动态风险管理（汪忠和黄瑞华，2005）。传统风险理论与现代风险理论最主要的区别在于对风险的认识和对风险的研究方法不同。传统风险理论强调对风险的损失控制，其管理对象和方法相对单一，忽略了对于关

---

① 一家客户关系管理（customer relationship management，CRM）软件服务提供商，总部设于美国旧金山。

联风险和风险收益的考虑（陈志国，2007），而现代风险则认为风险是损失和机遇的整合，在对风险进行分析时应做到全方位的动态分析，即全面风险管理。当然，要对风险进行管理，除了对风险的识别外，对风险的度量与评估也必不可少，如风险的价值模型（value at risk，VaR）（徐元铖，2005）、一致性风险度量模型（林志炳和许保光，2006）、风险矩阵分析法（Klein and Cork，1998）等，这些模型的提出都为当前风险的度量方法研究提供了重要的参考价值，但不可避免都会受到主观人为偏差的影响。而汪忠和黄瑞华（2005）则认为虽然当前关于风险管理的研究很多，但是研究技术和思维却存在较大差异，受到具体领域的限制，还并不能适应未来复杂多变的企业环境。随着信息技术的迅猛发展，未来风险将拥有更多新的内涵。同时，他们也预见未来风险管理的研究将集中于高科技风险和知识风险的管理过程中。与汪忠和黄瑞华（2005）的观点相同，Okrent（1998）也指出当前风险管理在知识技术管理方面的研究仍有待进一步发展。可见未来风险的研究，不再只是金融管理领域的研究。随着科技的发展，风险认知和管理都将改变以往的传统模式（Gao，2001），风险的内涵将越来越广泛，将会延伸到越来越多新的领域，产生许多新的研究方法和实用价值。

2.2.2　云服务安全风险

正如上述提到的未来风险理论研究发展趋势一般，云服务安全风险正是在新技术出现的同时所附带而来的一种新型风险。虽然云服务的思想形成已久，但是关于云服务安全风险问题的研究却是在近年来才开始兴起。2008 年，世界权威的信息技术顾问公司 Gartner（Heiser and Nicolett，2008）在其报告中列出了当前云服务安全所面临的七大风险，作为先驱，引领了国内外学者关于云服务安全问题的探讨和研究。然而，Gartner 在其报告中也只是做了定性的讨论，并未结合相应的实例加以说明。在此之后，国内外学者分别从不同的角度展开了对云服务安全风险问题的研究，包括对云服务安全风险因素的梳理、云服务安全应用领域、云服务安全的评估方法及云服务安全的应对策略等。

欧洲网络与信息安全局（European Network and Information Security Agency，ENISA）将云服务风险划分为组织风险、技术风险、法律风险及非云服务特有的风险四个大类，并分别列举出了当中所存在的风险因素。但是这些风险因素大多类似，存在冗余信息；Ahmadt（2010）探讨了云服务商对于保证云服务安全所需要采取的措施；Svantesson 和 Clarke（2010）及 Ward 和 Sipior（2010）从司法角度考虑，论述了云用户可能会受到的法律影响及安全隐私问题；Chhabra 和 Tangja（2011）从云服务的基础设施服务、平台服务和软件应用服务的体系结构层次论述了云服务安全所存在的风险问题；Tanimoto 等（2011）从用户的角度进行讨论，列出了用户所关心的云服务安全风险问题。国内学者姜政伟和刘宝旭（2012）、朱圣才（2013）、程玉珍（2013）、潘小明等（2013）、程风刚（2014）、姜茸等（2015）、李仪（2016）、王志英等（2016）等分别就云服务的应用安全、数据安全、网络安全、物理安全、个人信息安全等多个方面对云服务安全所存在的风险问题进行了讨论，并列出了相关风险因素。这些文献对于本书风险因素的研究具有很大帮助，但是这些文献都是将风险划分为几个单独的大类并在每个大类下细分风险因素，忽略了对于风险因素相互之间交叉关系的考虑。

在不同的应用领域，国内学者也针对具体领域的要求展开了对云服务安全问题的详细讨论，如电子政务（胡振宇等，2012）、电子商务（张恒喜和史争军，2011；周畅，2011）、移动通信（王建峰等，2012）、银行管理（陈小辉等，2011）、企业信息系统（苏强，2011）、数字图书馆（马晓婷和陈臣，2011；潘辉，2011）等领域的研究，这些领域的研究结合云服务的特点和具体领域实践需求探讨了云服务环境下所存在的隐私风险的可能性。

针对云服务安全问题的评估、解决和应对方案，Saripalli 和 Walters（2010）提出了关于云服务安全风险的评估框架；Chandran 和 Mridula（2010）认为可以通过对风险的量化分析，采取相应措施减少风险的损失；冯本明等（2011）根据云服务的网络拓扑分布，提出了关于存储资源风险的计算模型；龚军等（2011）提出了一种基于模糊层次分析法（fuzzy analytic hierarchy process，FAHP）的信息安全风险评估模型，并将该模型应用在校园网中，通过实例验证结果符合实际；付钰等（2006，2011）的 2 篇文献分别提出了基于贝叶斯网络的信息安全风险评估方法、基于模糊理论与神经网络的评估方法，运用该评估方法对信息系统进行评估是有效的；付沙等（2013a，2013b，2013c）的 3 篇文献分别提出了基于熵权理论与模糊集理论的信息系统评估方法、基于模糊集与熵权理论的校园信息系统安全风险评估方法、基于灰色模糊理论的信息系统安全风险评估方法，通过实例分析，验证这些方法能够准确量化评估信息系统风险；陈颂等（2012）提出一种信息系统安全风险评估的流程，从而提高风险评估的准确性；Yu 和 Ji（2012）依据角色、结构和信息系统的环境对目的、目标、风险评估业务流程做了详细的分析，提出了面向商业过程的信息系统安全风险评估的方法。

卢宪雨（2012）仅对云服务环境下可能存在的安全风险进行了简要分析，提出了由数据泄露、虚拟化、身份和访问管理等方面带来的安全风险，并未针对风险提出应对策略或解决方法；姜政伟和刘宝旭（2012）提出了云服务的接口或应用程序接口（application programming interface，API）存在漏洞、资源共享、数据丢失或泄露等 11 个方面带来的安全风险，并针对每一个安全风险给出应对策略；林兆骥等（2011）针对云服务的现有特征，从服务器安全、数据安全、应用服务安全、管理和监控四个方面阐述了云服务存在的安全问题，并提出一个云服务安全模型；张伟匡等（2011）从云服务商、网络、员工、法律和政策四个方面阐述了云时代企业情报所面临的安全问题，并提出了管理对策和建议；Gartner（Heiser and Nicolett，2008）机构提出了数据隔离、数据隐私、特权用户接入等云服务存在的七大风险；Coalfire 在 2012 年的报告中提出了数据位置、数据所有权等十大云服务安全风险；云安全联盟（Cloud Security Alliance，CSA）在 2013 年的报告中指出了云服务存在数据泄露、数据丢失等 9 个方面的威胁[①]；蒋洁（2012）针对云服务法律风险的影响提出了应对的策略。

针对云服务面临的众多安全问题，Liu 和 Liu（2011）总结了 8 种安全威胁以及对应的风险因素，最后提出了一种基于层次分析法的云服务安全风险评估模型；周紫熙和叶建伟（2012）主要针对数据的机密性做研究，并挖掘出了数据机密性的安全风险，从而提出了基于数据流分析的数据机密性风险评估模型，该方法能够有效识别云服务环境中破坏服务和数据机密性的行为；汪兆成（2011）分析了云服务信息安全风险评估中需要考虑的评估指标，重点论述了信息资产评估识别过程，给出了基于云服务的信息安全风险定量计算方法；刘恒等（2010）提出了一种云服务宏观安全风险评估分析方法，该方法有效揭示了云服务环境下面临的特殊的、宏观的风险；韩起云（2012）针对云服务所面临的安全问题，总结出了 8 类威胁准则以及对应的 39 种威胁因素，构建了层次分析模型，并采用层次分析法进行分析，提出了一种基于云服务环境下的信息安全风险评估模型，实验表明该风险模型具有一定的实用价值。

综上所述，作者通过参阅国内外云服务安全风险的研究文献，总结云服务安全评估方面的研究，发现目前的研究方法多采用层次分析法、模糊理论、神经网络、故障树分析法等，但研究成果较少，已有的成果仅能做参考，不能应用到实例当中，且这些方法存在缺陷，见表 2-1。

---

① 见 *The Notorious Nine：Cloud Computing Top Threat* in 2013。

表 2-1 　评估方法缺陷（肖云和王选宏，2011）

评估方法	缺点
故障树分析法	量化困难，复杂系统的故障树构建困难且计算过程较复杂
层次分析法	要求评估者能力强，且存在主观性
模糊综合评判法	隶属函数确定没有系统的方法且存在主观性
人工神经网络	结构确定复杂，优化困难，易造成局部最优和过拟合问题

在这些相关的研究内容中仍然存在些许不足。

1）目前的研究针对云服务安全风险因素大多为定性的阐述，定量的研究较少，即使提出了一些方法也只是针对某些单独的问题，且存在大量主观因素。

2）对于风险类别的划分通常是归为几个独立（不存在交叉关系）的大类，忽略了各风险因素之间的相互关联性。

3）在云服务过程中，用户是被动接受云服务带来的风险，但是大多数云服务安全方面的研究是站在用户的角度进行的，甚至尚未阐明研究角度，使得成果缺乏针对性，即使应用也无法保障用户的利益。

4）现有研究列举出了众多的风险因素，但其中的一些因素含义相近，存在冗余信息。信息过于繁杂，未能体现云服务的特点，没有建立系统或层次的风险评估体系，造成了后续量化研究的困难。

5）所提出的风险应对方案通常是经验型的分析和判断，没有进行实证研究和案例分析，使得评估效果不明显。

2.3　云服务与可信性

2.3.1　信任与可信

20 世纪七八十年代，随着市场经济的不断深化，市场在国家资源配置中逐步占据主导地位，市场经济思维不断渗透到社会关系和政治关系之中。此时，经济学视野下的政治统治研究以及利益相关者视角下的社会行动研究等也在社会中占有相当地位，由此而引发了人们对社会生活、公共治理乃至制度变革中信任问题的疑虑，尤其是信任与经济活力、信任与公共治理的关系研究备受关注。随着社会法治的进步和信息技术的飞速发展，信任问题越来越受到社会大众的关注，信任的内涵和外延也在不断地丰富和扩展。当前，有关信任问题的研究已经扩散到政治学、社会学、经济学、管理学、教育学以及计算机科学等领域。随着云服务、大数据、人工智能等新兴信息技术的出现，信任问题也深受技术科学家的关注，并成为信息技术领域涌现的一个研究热点。

信任是一个内涵和外延都极其丰富的概念。这个原本诞生于心理学的基本概念，逐渐得到其他学科研究者的认同。不同学科的学者从不同的角度对信任的内涵进行了研究，给出了不同的概念解释。心理学视角下，信任往往被认为是人们在交往互动过程中表现出来的一种复杂的内在心理现象，是一种基于信任者主观感受的心理状态。社会学视角下，信任被定义为"主体与主体、主体与客体彼此之间的互信关系、依赖关系、合作关系，以及承诺和践行关系"（王文建和夏金华，2018）；有时，信任也被视为一种信心或态度、一种思考世界的方式（查尔斯蒂利，2010）。经济学视角下，信任被认为是一种可计算的理性行为。由此可见，不同学科视野下的信任内涵不尽相同，心理学家强调信任的非理性，社会学家强调信任的社会性和文化性，而经济学家则强调信任的可计算性。

在计算机科学领域，对信任的研究历时不长，大概于 20 世纪 90 年代前后才得到学界普遍关注。1996 年，为了解决互联网应用服务的安全性问题，美国电话电报公司（AT&T）贝尔实验室的 Blaze 等（1996）首次提出了"信任管理"（trust management，TM）的概念。之后，越来越多的学者着手研究信息技术环境下的信任问题。即便是在计算机科学这一共同的领域，不同的学者对信任依然存在不同的认识和见解。Gambetta（1990）认为信任是一个概率分布的概念，并把信任定义为一个实体评估另一实体在对待某一特定行为的主观可能性程度；Grandison 和 Sloman（2000）认为信任是在特定的情境下，对某一实体能独立、安全且可靠地完成特定任务的能力的相信程度或坚固信念；Chang 等（2008）则认为信任是在给定背景和时段中，求信代理对获信代理交付双方约定的服务的意愿和能力的信念。杜瑞忠等（2018）综合了各种理解和解释后，将信任定义为是一种建立在已有知识上的主观判断，是实体 A 根据所处的环境，通过对实体 B 提供服务或行为的长期观察，对其当前提供服务或行为的可信程度或期望的度量。

总而言之，信任是对实体行为的主观判断，会随着实体交互行为和时间的变化而变化，并受环境等多种因子的影响，具有主观性、不确定性、传递性等特征（田俊峰等，2014）。尤论我们如何定义信任，尤论是在个体交往中，还是在组织合作中，抑或是在市场营销和技术应用中，信任都是一种极其宝贵的资源。正如社会学家们所说的那样，"信任是最为重要的综合力量之一"（Simmel，1978），"只有人们之间的信任才能解决人类之间的合作和发展问题"（Luhmann，1988）。

可信是一个与信任密切相关的概念。它们之间的概念性差别很小，有时候人们甚至将可信性、可信度与信任相互等同起来，现有文献中也很少提出这些概念的明确语义或定义。实际上，三者是对同一事物不同角度的描述。信任是一方对另一方或者双方之间就某一特定服务或行为的主观认知和判断，是一种对主观心理状态的表征；可信性是对这种主观认知和判断的概率性描述，从被信任方的角度来说，可信性是受信任方满足施信任方特定期望或诉求的一种综合能力；而可信度则是对可信程度或者信任程度的描述性度量，尤其是对信任等级的可信性度量。2019 年 4 月 1 日开始实施的《可信性管理 管理和应用指南》（GB/T 36615—2018）国家标准建立了可信性管理的框架，为涉及硬件、软件和人或这些因素组合的产品、系统、过程或服务提供了可信性管理指南。该标准认为可信性包括客观的可度量特性，如可用性、可靠性、维修性和维修保障性等，同时也包括关于信任的更加主观的判断，这些信任关系到特定利益相关方要求的功能。

本书只研究云服务的可信性度量评估和管理问题。因此，在吸纳上述可信性和信任相关研究的基础上，将可信性狭义地定义为顾客对云服务商所提供的服务，尤其是顾客对云服务在安全服务和保障方面的主观信念及其信任程度。

2.3.2 云服务可信性

云服务是一个在云服务定义之下衍生出来的概念。随着云服务技术的日渐成熟，业界产生了大型 IT 企业向中小型企业和个人提供 IT 资源服务的商业模式，这种商业模式既可以将大型 IT 企业闲置资源转化为收益，也可以为中小型企业和个人随时随地提供 IT 资源服务，并将其从繁重的 IT 基础设施建设、管理和维护中解放出来，这种服务具有以往商业服务所不具有的便利性、动态性、可扩展性以及价格低廉的经济优势等特点而越来越受到用户的青睐。IT 资源服务化的思想日益普及，呈现出"一切皆服务"（X as a Service，XaaS）的趋势，服务成为云服务的核心概念。时至今日，尽管"云服务"没有一个权威且统一的定义，但其本质和要义是清晰的。正如 Chawla 和 Songani（2011）所定义的那样，云服务是所有在远端部署并通过 Internet 或私有网络访问的应用与服务的总称。云服务的本质是云服务环境下的各种各样的信息服务，它是对依托于云服务平台的各种新兴网络服务的统称。

云服务建立在云服务平台之上。如前所述，云服务在带来诸多便利和应用优势的同时，信息资源的高度集中和服务行为的不透明性等进一步增加了安全防范的难度，云服务的安全问题从主客观两个层面同时凸显出来，由此而引发了人们对云服务安全性方面的疑虑，暴露出云服务可信性问题。云服务可信性，也称为可信云服务，或者云计算的服务可信性。如果云服务的行为和结果总是与用户预期的行为和结果一致，那么就可以说云服务是可信的；云服务的可信问题不仅指服务计算环境受其开放、共享等特点而导致服务的客观安全性上受到威胁，同时还指服务质量与服务结果可能受云服务商的主观意志等因素导致的不可信（丁滟等，2015）。云服务可信性危机主要来源于两个方面：一是云服务客观上存在的安全风险导致的服务可信性质疑；二是云服务商服务行为的不透明性导致的用户对自身数据安全保障的担忧和疑虑。

针对云服务安全可信的研究涵盖了系统安全、数据安全及隐私保护、计算验证等各个方面，具体的研究涉及系统架构、密码学、计算理论等多个层面（丁滟等，2015）。从可信性管理的角度来看，云服务可信性相关研究主要集中在云服务可信平台、框架与模型，云服务可信机制，云服务可信技术，云服务可信性管理，云服务可信性评估与认证体系等方面（姜茸和杨明，2014）。

（1）云服务可信平台、框架与模型

陈海波（2009）从计算机硬件、操作系统与应用级三个方面对云服务系统平台可信性进行研究，以提高云服务平台的可用性、可维护性、可信性、安全性与容错性；Li 等（2010）给出云应用过程中基于域的可信性模型，并建立了基于可信管理模块的云安全性监管框架；Santos 等（2011）设计提出了可信云服务平台，包括一系列信任结点、信任协调者、非信任云管理者和外部信任实体；Ryan等（2011）探讨了通过使用侦探控制方法实现可信云的关键问题和挑战，并提出了一个可信云框架；Abawajy（2011）研究混合云环境中信任建立问题，提出一个能使云消费者与云服务提供者基于信任进行交互的完全分布式框架。Guerrero（2012）提出一个基于隐私和信誉的信任意识体系结构；Canedo 等（2012）讨论了云服务环境中的信任、声誉等安全问题，提出了一个信任模型，以确保私有云中用户文件交换的可靠性；谢晓兰等（2012）针对云服务环境下存在的信任问题，提出面向云计算基于双层激励和欺骗检测的信任模型（cloud computing incentive and detection trust model，CCIDTM）；任伟等（2012）提出一种云服务中可信软件服务的通用动态演变鲁棒信任模型。

（2）云服务可信机制

Mahbub 和 Yang（2011）介绍了一个 SaaS 中信任与安全保障机制，它采用信任入场券来帮助数据所有者建立云服务商与注册用户之间的联系；胡春华等（2012）针对当前云服务中因服务提供者（service provider，SP）的信任保障机制缺失而容易被不可信服务消费者（service consumer，SC）滥用的现象，提出面向 SC 实体的服务可信协商及访问控制策略；王小亮等（2012）通过计算可信机制减少的攻击危害以及产生的性能代价来量化和评估云可信机制的有效性；孔华锋和高云璐（2011）提出了一种云服务环境中柔性易扩展的信任协商机制；Zhang 等（2012）探讨了有噪声困惑情况下的云服务可信机制；Wang 等（2012）在贝叶斯感知模型和社会网络信任关系的启发下，提出了一个基于感知信任模型的新贝叶斯方法，设计了一个可信动态级调度算法 Cloud-DLS，它集成了现有的 DLS。

（3）云服务可信技术

Cachin 等（2009）研究可信云，探讨了关于密码技术和分布式计算的最新研究；Hwang 和 Li 等（2010）研究安全资源的可信云服务，提出用数据着色和软件水印技术保证云服务环境中数据的隐私和完整性；Khan 和 Malluhi（2010）研究云服务环境中云服务提供者如何获得用户的信任，指出通过改进新兴可信保障技术来提升客户的信任度；Rong 等（2013）综述了云服务的安全挑战，探讨了不可信云服务商中的可信数据共享问题；Rajagopal 和 Chitra（2012）研究基于协同安全协议的格和云服务信任问题，认为格和云服务环境中的安全协议不必分开；吴吉义等（2011）总结了云安全领域的最新研究进展，指出云服务与可信计算技术的融合研究将成为云安全领域的重要趋势；李虹和李昊（2010）系统地叙述了采用可信云安全技术解决云服务可信和安全问题的方法，重点介绍了可信密码学技术、可信融合验证技术、可信模式识别技术等；吴遥和赵勇（2012）分析了可信云服务平台中可信实体可能遭到的威胁，提出了通过应用可信计算技术处理威胁的解决方法；季涛和李永忠（2012）针对云服务环境下数据处理时敏感数据易受非授权访问和非法篡改的问题，利用可信平台模块在云服务环境中建立可信根，提出一种基于可信计算机制的盲数据处理方法。

（4）云服务可信性管理

Habib 等（2011）提出一个多元可信管理系统体系结构，它根据不同属性鉴别云服务商的可信性；Hwang 等（2009）从客户的角度分析了公有云的安全性问题，提出了考虑信任管理的集成云服务系统架构；Zissis 和 Lekkas（2012）认为云服务环境中的可信性很大程度上取决于所选择的部署模型，并建议引入可信第三方的服务机制。信任管理是云安全的重要组成部分，Firdhous 等（2011）总结了现有各种分布式系统的信任模型，提出一个能用于度量云服务系统性能的可信计算机制；Zhang（2012）回顾了信任、动态信任以及基于本体的动态信任管理模型，对典型的基于 D-S 理论的普适信任管理模型（pervasive trust management model based on D-S theory）和基于向量的信任模型（trust model base on vectors，TMV）作了评论和对比分析；Sun 等（2011）介绍了一个基于模糊集理论的信任管理模型，该模型涉及直接信任度量和推荐信任链的计算等。

（5）云服务可信性评估与认证体系

Sun 等（2011）指出信任问题阻碍着云服务发展，建立云服务信任评估框架十分必要。Foster 等（2008）强调云服务环境中的可信机制评估十分重要；Alhamad 等（2010）提出了基于服务等级协议（Service-level Agreement，SLA）和客户经验的可信评估模型，用于支持多种云应用模式下云消费者的计算资源选择；Guo（2011）介绍了云系统可信性的定义，分析了可信性的属性，基于这些属性和可信语义，提出了一个可扩展的云计算环境下的信任评估模型（extensible trust evaluation model for cloud computing environment，ETEC）；Tian 等（2010）研究云服务环境中用户行为的可信性，建立了包含可信层、子可信层和行为证据层的可信评估指标系统；周茜和于炯（2011）结合可信云的思想，提出一个云服务下基于信任的防御系统模型和一种新的基于模糊层次分析法的用户行为信任评估方法；高云璐（2012）提出一种信任评估和信任协商方法，用于构建用户与云服务商之间的信任关系；高云璐等（2012）提出一个基于 SLA 与用户评价的云服信任模型；王磊和黄梦醒（2013）以灰色系统理论为基础，将层次分析法与灰色评估法相结合，提出一种基于灰色层次分析法的云服务供应商信任评估模型。另外，Dykstra 和 Sherman（2012）建立了一个模型，以显示云中需求的可信层；Habib 等（2010）将可信性和声誉的概念集成到云服务中，给出了较为具体的定义和可信性参数。

学界普遍认为建立云服务可信性评估认证机制是推动云服务健康、快速发展的有效途径。认证体系产生于云服务可信性评估评价的基础之上，评估认证既有利于检测云服务商本身在技术和管理上的可信任程度，也有利于消除用户无谓的担忧，促进用户态度由"用不用"向"用谁的"转变。栗蔚（2014）对云服务可信性认证的目的、对象、评估方法和评估机制等进行了介绍，并提出进一步发展认证的设想；张治兵等（2018）综合比较了国际标准组织、美国、欧盟以及我国现有云服务认证体系的优势和不足，认为云服务安全认证机制仍需进一步研究和完善。在实践领域，将云服务可信性认证分为云主机服务、对象存储服务、云数据库服务、云引擎服务、块存储服务五大类；2014 年 7 月北京召开的可信云服务大会是国内首个聚焦于云服务信任体系建设的行业盛会。可信云服务认证作为我国目前唯一针对云服务的权威认证体系，由数据中心联盟和云计算发展与政策论坛联合组织（陈曲，2014）。可信云服务大会每年召开一次，会上发布通过认证的云服务商名单，认证有效期为 1 年。可信云服务认证体系的建立不仅为用户选择云服务商提供了参考依据，同时也为提升云服务生态系统的可信性奠定了基础。

未来中国信息化迈向智能化带来的 IT 应用需求将持续推动云服务市场增长，政府云服务采购放量将进一步刺激云服务市场保持高速增长（陈曲，2014），云服务发展前景毋庸置疑。但我们也应该清楚，云服务可信性问题严重制约了云服务的发展。要想云服务应用不受阻碍，就必须在用户和服务商之间建立起充分的信任，尤其是用户对服务商的信任程度直接决定了云服务的应用扩散效度，而这种信任需要一套有效的测试系统进行度量与评估。实践中的云服务信任机制尚不健全，学术界对云服务可信性度量与评估的研究也不多见。尽管有关云服务可信性研究的论著不少，但其研究历程并不长，同时较多文献往往借鉴传统信任管理和可信计算理论与方法开展研究，如基于信誉的信任模型、基于证据理论的信任模型、基于模糊数据的信任模型、基于概率论的信任模型、基于主观逻辑的信任模型等。将可信计算理论融入云服务是解决云服务信任问题的途径之一，有很多学者已采用可信密码学、可信融合验证、可信模式识别等可信云安全技术解决云服务可信性问题。与此同时，不难发现针对云服务商的可信性评估研究鲜而有之，可信评估已成为目前研究热点之一，很多学者已认识到云服务可信性度量与评估的重要性和紧迫性，但这些文献往往针对用户行为的可信性进行评估，如Canedo 等（2012）、田立勤（2011）和陈亚睿等（2011）所作文献。但专门评估云服务供应商的极为少见。

2.4　本　章　小　结

　　虽然云服务是一项近年来才兴起的新型技术，对于其安全问题的研究也才起步，但是其仍然属于风险管理的范畴，过去的风险研究理论将是本书研究的重要参考基础。因此，本书作者及其团队通过整理和学习国内外云服务、风险理论、云服务可信性以及云服务安全问题的相关研究，论述了当前研究所存在的问题及未来发展趋势，为本书的风险因素解释、风险大小度量、风险评估及最后的风险管理和解决方案提供了重要的参考信息。

第3章 主要研究方法及应用现状

3.1 信 息 熵

信息作为一种特殊的属性，它与物质和能量共同构成了当前我们所认识的客观世界。然而，信息不同于传统自然科学研究中的一般对象，它没有具体的表现形式和特征，是一个难以被描述的抽象概念。直到现代信息论兴起，才第一次赋予了它数学的含义。香农将信息定义为通信传输过程中两次不确定性之差，认为信息是人们在认知过程中对未知事物不确定性消除多少的度量（Shannon，1948）。当一个总体的不确定性程度（复杂程度）越高时，它所包含的信息量就越大。据此，香农将热力学中熵的概念应用到了信息的描述过程中，用于衡量一个事物或总体所包含信息量的大小，从而提出了信息熵的概念及其计算方法，如下所示：

假设一个总体共包含 n 个随机变量 X_i，$i=1$，2，$\cdots$，n，其中每个变量 X_i 发生的概率为 $P(X_i)$，$i=1$，2，$\cdots$，n，$\sum_{i=1}^{n} P(X_i) = 1$，则该事物或总体的信息熵计算公式为 $H(X) = -\sum_{i=1}^{n} P(X_i) \log_2 P(X_i)$。式中，$H(X)$ 为信息熵，bit。它描述了该事物或总体内部所包含信息的复杂程度，熵值越大则说明该事物或总体所具有的不确定性程度越高，人们在认识该事物时所能够获得的信息量就越大。

然而，在实际过程中人们不可能完全消除对一个未知事物或总体的不确定性，也就意味着无法获知所有的信息，尤其是在面对复杂的对象时，其中所包含的不确定信息越高，通过研究所能获得的有价值信息就越多。因此，信息熵的概念才得到了广泛的应用，它能够描述实际生活中一个系统或结构的不确定性程度，解决了当前信息时代对事物不确定性难以度量的问题。

相对于广义上信息熵的概念，当信息熵被运用到不同的领域时，根据具体的应用需求其熵值将具有不同的含义。比如在生物研究领域，量子学创始人薛定谔（Erwin，1944；熊宝库和任长江，2004）在《生命是什么》一书中指出，生命物质自身的有序性比无生命物质高得多，生命也有其热力学基础，但不能使用经典力学定律来解决，因为有机体是处于一个开放的、非平衡状态的系统，即生命体吸取负熵，去抵消它在活动中产生的熵增加，从而使自身稳定在低熵的水平，该思想也为熵在生物领域的应用和生物学的发展奠定了基础。

信息熵理论发展相对成熟之后，就被诸多学者引入各自的学科领域，以求描述各领域内复杂系统的不确定性，从而使得信息熵理论的应用领域和范围不断扩展。相关研究主要包括：田志勇等（2009）结合信息熵理论，针对能源消费结构的演变进行了描述和分析；覃正和姚公安（2006）针对供应链网络结构，基于信息熵理论建立了描述供应链系统稳定性的数学模型；贾燕等（2003）、楚杨杰等（2005）、徐良培等（2010）、霍红等（2005）与徐鑫等（2005）分别将信息熵理论运用到了供应链的研究当中，针对供应链的管理模式及其信息传递过程中的不确定性进行了详细的研究。信息熵理论还被运用于能源消费（覃琳等，2017）、技术融合趋势（苗红等，2017）、网络舆情监测（邢云菲等，2018）、区域可持续发展（黄秉杰等，2017）等领域。这些文献极大地拓展了信息熵的研究领域，解决了诸多领域在面对复杂系统时难以描述的困难。

除了将信息熵用于描述事物内部组织结构及不确定性程度的研究外，国内外学者也逐渐开始将信息熵用于事物的综合评价过程当中。根据信息熵的基本原理，在对一个包含多个指标的复杂系统进行具体研究时，某指标对表达该系统结构所能够提供的信息量越大，则说明该指标对于系统结构变化的重要性越高，依据此原理香农又进一步提出了熵权（entropy weight）的概念（Shannon，1948）。Hsu 和 Lin（2007）就在信息熵基础上，利用熵权的赋值方法针对商品潜在的消费者价值进行了评估，从而根据熵权的大小有效地判断商品潜在的消费者价值；Wu 和 Zhang（2011）根据相关决策的需求，根据熵权法提出了一种基于直觉的模糊权重判断方法；Sohn 和 Seong（2004）结合熵原理，提出了对软件故障进行分析和对软件安全可测试性进行评估的量化分析方法；谢霖铨和杨莹（2011）将信息熵引入工程领域多目标的风险评估研究当中，针对风险的控制和预测展开了定量的研究分析。傅为忠等（2017）将信息熵引入高技术服务业与装备制造业融合发展效应评价当中，建立了耦联评价模型；程慧平和程玉清（2018）借用信息熵原理对个人云存储安全风险进行评估研究。以上文献的研究拓展了信息熵在综合评价过程中的具体应用。

此外，随着最大熵（Jaynes，1957）原理的提出，信息熵原理也被广泛应用到数据挖掘、图像处理和模式识别的研究当中。例如，Imed 和 Yassine（2014）

基于最大熵模型，提出了一种能够根据文档将阿拉伯语音符号进行恢复的方法。在数据挖掘方面，为了提升算法的质量，减小冗余信息，国内外学者也提出了许多基于信息熵进行改进的方法。例如，Chang 等（2000）提出了基于方差和熵的聚类算法；舒红平等（2004）提出了基于信息熵的决策属性分类挖掘算法；Li 和 Chen（2014）构建了水资源冲突弱势群体模糊模式识别模型；陈玉明等（2013）基于信息熵提出了不确定性数据中异常数据挖掘算法；任群（2017）为了提高图像处理精度基于信息熵设计了图像处理算法。这些相应的研究都为数据挖掘和信息熵的应用发展做出了重要贡献。

如上所述，国内外对于信息熵的研究为当前信息熵的应用和推广奠定了重要的基础，他们从不同领域探索了信息熵的研究方向，并针对具体的问题和应用需求，结合信息熵理论和具体学科知识提出了许多新的概念和应用，给予了本书重大的启发，对于本书研究的开展具有重要的参考价值和意义。

3.2　马尔可夫链

马尔可夫链（Markov chain）由俄国数学家安德烈·马尔可夫（A. A. Markov）于 1907 年提出，是指时间参数和状态参数都是离散的马尔可夫过程（Markov process），并且当前的状态参数与以前的状态参数无关（即无后效性）。马尔可夫过程是一个典型的随机过程，它对研究一个系统的状态及其状态转移的随机过程具有重要的作用和意义。在现实生活中很多过程都可以看作是随机的马尔可夫过程，如人口的变化过程、天气的变化过程、仓库中的存货问题、风险的发生过程等。

马尔可夫链的广泛应用，得益于 1933 年苏联数学家柯尔莫哥洛夫建立的概率论公理系统。该公理系统为随机过程理论的研究奠定了重要的基础（夏乐天等，2000；张宗国，2005），使得马尔可夫过程能够以数学的形式对事物发生的随机过程进行描述，而马尔可夫链正是此描述模型，它能够描述离散事件的随机过程，对系统状态之间的转换进行定量分析。马尔可夫链正是通过对不同状态的初始概率以及状态之间的转移概率的研究，来确定状态的变化趋势，从而达到对未来状态进行预测的目的（张浩，2016）。

马尔可夫链具有数学的定义，它能够描述事物变化的状态空间，通过建立马尔可夫链转移矩阵能够对事物各个随机状态发生的概率进行计算。假设当某系统包含 n 个随机发生的事件 X_1，X_2，X_3，$\cdots$，X_n，则该系统具有 $n \times n$ 大小的一个随机状态空间时，以 P_{ij}，$i=1$，2，$\cdots$，n；$j=1$，2，$\cdots$，n 表示其中各状态发生的概率，则可以建立各状态之间的转移矩阵，如下所示：

$$\begin{bmatrix} P_{00} & P_{01} & \cdots & P_{0n} \\ P_{10} & P_{11} & \cdots & P_{1n} \\ \vdots & \vdots & & \vdots \\ P_{n0} & P_{n1} & \cdots & P_{nn} \end{bmatrix}$$

式中，P_{ij} 为条件概率，即表示当第 i 个事件发生时第 j 个事件同时发生的概率。对角线上元素 P_{ij}，$i=j$ 表示第 i 个事件单独发生的概率。面对此复杂的随机变化环境，为了能够准确描述各事件发生的稳态概率，学者们在马尔可夫转移矩阵的基础上结合数学的方法对各事件发生的稳态概率进行了计算。假设其中各事件发生的稳态概率为 $P(X_i)$ 则它们与转移矩阵 P_{nn} 之间存在如下关系：

$$\begin{cases} P(X_1) = P_{11}P(X_1) + P_{21}P(X_2) + \cdots + P_{n1}P(X_n) \\ P(X_2) = P_{12}P(X_1) + P_{22}P(X_2) + \cdots + P_{n2}P(X_n) \\ P(X_3) = P_{13}P(X_1) + P_{23}P(X_2) + \cdots + P_{n3}P(X_n) \\ \qquad\qquad\qquad\qquad\vdots \\ P(X_n) = P_{1n}P(X_1) + P_{2n}P(X_2) + \cdots + P_{nn}P(X_n) \end{cases}$$

通过求解该方程组，能够计算在该系统随机变化过程中，各事件发生问题的概率 $P(X_i)$ 为

$$\sum_{i=1}^{n} P(X_i) = 1 \quad i = 1, 2, \cdots, n$$

正是因为马尔可夫过程具有一切随机过程的普遍意义，通过马尔可夫链便能够有效描述系统状态之间的变换，解决了抽象的随机过程难以度量和描述的问题。因此马尔可夫链受到了国内许多学者的青睐，被用于解释和分析各类随机过程。

马尔可夫链在经济管理领域的应用最为广泛，如对宏观经济形势、市场占有率、期望利润、客户价值、股市分析、期权定价、排队问题等的预测，在教育领域、医学领域、军事领域、工程领域以及自然灾害的预测方面也有着广泛的应用，也常被用于生物信息学、编码技术、水文资源等领域的预测和评估。例如，彭志行（2006）将马尔可夫链运用到经济管理领域中，建立了经济管理领域的随机数学模型，并借助此模型实现了决策效益的最优化；程向阳（2007）将马尔可夫链原理运用到教育评估方面，以系统状态的变化描述和评价学校职称结构变化

所带来的影响；还有学者将马尔可夫链应用于课堂教学效果的动态评估（刘鲁文等，2014）和聋生阅读输入分析（姚茂建等，2018）当中；陈虎（2012）利用马尔可夫原理对物流服务的供应链绩效进行评估，并预测未来物流服务的变化；卞焕清和夏乐天等将马尔可夫链用于人口预测和梅雨强度指数的预测当中，并提出了相应的预测模型（卞焕清和夏乐天，2012）；还有学者将马尔可夫链应用到船舶到港量预测（何众颖和刘虎，2019）、PPP 项目①特许期调整模型（马国丰和周乔乔，2018）、测控装备可靠性分析（陈庚等，2018）、核电厂电机状态预测（葛秋原，2018）、市场房价预测（胡振寰等，2018）、住宅用地价格预测(冯言志，2019)、微博用户转发行为预测（王宁等，2018）等。

随着计算机应用技术的迅猛发展，马尔可夫链理论也被越来越广泛地应用于计算机和信息科学领域，成为计算机和信息科学领域学者们日益青睐的科学研究工具和方法。邢永康和马少平（2003）建立了一种用于用户分类的马尔可夫链模型，该模型能够准确描述用户在互联网上的浏览特征，为浏览器导航的开发提供了参考依据；段茜等（2014）将马尔可夫链运用到云服务环境下供应链伙伴的选择研究当中，提出了基于马尔可夫链的动态模糊评价模型，帮助企业快速选择合适的合作伙伴；张晴和李云（2018）将马尔可夫链运用于显著物体检测，提出一种结合物体先验和吸收马尔可夫链的显著物体检测模型；王燕等（2019）提出了一种结合马尔可夫随机场模型的改进模糊 C 均值（fuzzy C-mean，FCM）聚类图像分割算法，以有效提高模糊聚类算法的抗噪性；陈浩等（2019）将马尔可夫链应用于地理信息系统，提出了一种手机数据移动轨迹匹配方法；严浙平等（2018）对马尔可夫理论在无人系统中的研究进展和应用现状进行了综述，认为可以利用马尔可夫理论进行建模与估计，解决在无人平台中任务决策与规划、目标跟踪与识别，以及平台系统间通信等复杂问题；许瀚等（2019）将马尔可夫模型应用到云系统安全评估中，建立了云环境下的安全性-性能（security-performance，S-P）关联模型；何通能等（2018）将马尔可夫链应用于低功耗广域网（long range wide area network，LoRaWAN）的网络节点性能分析当中。

如上所述，马尔可夫链由于其对随机过程描述的特征，在近年来的研究过程中已经得到了广泛的应用，尤其是对于随机过程状态的描述、未来趋势的预测以

---

① PPP（public-private-partnership）项目，是指政府与私人组织之间，为了提供某种公共物品和服务，以特许权协议为基础，彼此之间形成一种伙伴式的合作关系，并通过签署合同来明确双方的权利和义务，以确保合作的顺利完成，最终使合作各方达到比预期单独行动更为有利的结果。

及特征优势的评估等方面取得了许多新的研究成果。本书所研究的对象云服务风险正是一个存在多种随机可能状态的复杂过程，应用马尔可夫链原理将能够更加准确地描述云服务安全风险的状态变化，解释其风险变化特征，并能计算得到在复杂云服务环境变化过程中各风险发生的稳态概率，从而为云服务风险的度量与评估提供数学依据。

3.3　支持向量机

支持向量机（support vector machine，SVM）是由弗拉基米尔·N. 瓦普尼克（V. N. Vapnik）和他的研究团队于 1992 年提出的一套通用的机器学习算法，该算法的特点是使用了核（kernel），没有局部极小点，解的稀疏性，以及通过间隔或者是维数无关的量（如支持向量个数）来控制容量。曾在 1968 年，Vapnik 和 Chervonenkis 就提出了 VC 熵和 VC 维的概念，后来发展为统计学习理论的核心概念；1982 年，Vapnik 又提出了具有划时代意义的结构风险最小化原理，为支持向量机的研究奠定了直接的理论基础。之后，他们在前人研究的基础上，将输入空间的大间隔超平面、核的使用、稀疏性等特征整合到一起形成了最大间隔分类器（也称最优边界分类器），由此便形成了支持向量机的雏形。随后，Vapnik 出版了《统计学习理论》和《统计学习理论的本质》两本著作，介绍了这一领域广泛的理论背景，并对支持向量机的概念内涵进行了升华拓展。至此便形成了支持向量机的理论基础和算法实现的基本框架。

统计学习理论突破了传统统计学研究中样本数目趋于无穷大的渐进理论假设，专门研究小样本情况下的机器学习规律，能够更为有效地处理实际问题中的机器学习效率。支持向量机作为统计学习理论的最新发展，不仅秉承了统计学习理论的优势，构造了强劲有力的预知性学习算法，并且具有坚实、严格、简洁的数学基础。概括地说，支持向量机就是首先通过用内积函数定义的非线性变换将输入空间变换到一个高维空间，在这个空间中求（广义）最优分类面（张学工，2000）。将非线性问题转化为高维空间的映射，是通过核函数 $K(x_i, x_j) = \Phi(x_i) \cdot \Phi(x_j)$ 来实现的。只要该核函数满足 Mercer 条件，它就对应某一变换空间中的内积 (x_i, x_j)，在最优分类面中采用适当的内积函数 $K(x_i, x_j)$ 就可以实现某一非线性变换后的线性分类。

其中，Mercer 条件为

$$K(x,\ y) = \sum_{m=1}^{\infty} a_m \psi(x) \psi(y),\ a_m > 0$$

$$\iint K(x,\ y) g(x) g(y) \mathrm{d}x \mathrm{d}y > 0,\ \int g^2(x) \mathrm{d}x < \infty$$

目标函数为

$$\max_a W(a) = \max_a \left\{ \sum_{i=1}^{l} a_i - \frac{1}{2} \sum_{i=1}^{l} \sum_{j=1}^{l} a_i a_j y_i y_j K(x_i \cdot x_j) \right\}$$

最优分类函数（即支持向量机）为

$$f(x) = \mathrm{sgn} \left\{ \sum_{i=1}^{l} a_i y_i K(x_i \cdot x) + b \right\}$$

其中，a_m 为特征向量；sgn（ ）为符号函数；a_i 为每个样本所对应的拉格朗日乘子；b 为分类阈值（或称偏置量）。

值得一提的是，核函数 $K(x_i,\ x_j)$ 并不是唯一或固定的。只要是满足 Mercer 条件的函数，理论上都可以作为核函数使用。目前常见的核函数包括，高斯径向基函数（radial basis function，RBF）核、多项式核、神经网络核以及 P-阶样条核等。基于这些基本核函数，研究者可以根据实际问题的需要构造更为适合的核函数。无论是在哪个研究领域，只要能够构造出合适的核函数，基本都能使用支持向量机方法处理和解决问题，这也正是支持向量机能够在各研究领域广泛使用的主要原因之一。

支持向量机被公认为是统计学习理论中最年轻、最重要、最实用的内容，其本质上是一种建立在最优超平面基础上的数据挖掘方法，集最优化、核、最佳推广能力（generalization performance）等特点于一身，并在解决小样本、非线性和高维模式识别问题中表现出独特优势。支持向量机的主要优点可以概括为以下几点：

1）支持向量机建立在 VC 维和结构风险最小化原理基础之上，能够有效减少推广错误的上界，具有很强的推广能力；

2）支持向量机专门解决有限样本情况下的机器学习规律，其目标是得到现有样本情况下的最优解，而这个最优解实际上是全局最优解，解决了神经网络等其他方法中只能得到局部最优解的问题；

3）支持向量机把原问题转化为对偶问题，将非线性问题转化到高维空间进行求解，只需要用原空间中的函数进行内积运算即可，计算复杂度取决于样本中的支持向量数，并引入核函数，解决了高维空间维数灾难问题。

支持向量机出现以后，其理论研究和实践应用方面都得到了快速发展。归纳起来，其发展方向主要体现在两个层面：一方面是对支持向量机算法的改进和发展；另一方面是对支持向量机应用领域的拓展。早在 1997 年，Vapnik 就发表文章详细介绍了基于支持向量机方法的回归算法和信号处理方法（Vapnik et al.，1997）；同年 Müller 等采用支持向量机回归（support vector machine regression，SVMR）对时间序列建模进行了深入研究（Müller et al.，1997）；1998 年，Smola 在其博士论文中系统地研究了支持向量机的学习机理及其在分类中的应用，进一步完善了支持向量机非线性算法（Smola，1998）。在支持向量机训练算法改进方面的研究也很常见，如 Hsu 和 Lin 等（2002）提出的 BSVM，张学工（Zhang，1999）提出的 CSVM，以及 Joachims（1999）等提出的 VSM[light]。

目前，支持向量机已被广泛地应用于多个领域，比如模式识别、网络安全、风险评估、回归估计、态势预测、智能控制、文本分类、目标识别、基因分析等领域。胡海青等（2011）运用支持向量机建立了供应链金融信用风险评估模型，并证实了基于 SVM 的信用风险评估体系更具有效性和优越性；姚潇和东安（2012）将模糊隶属度思想引入支持向量机，提出更高分类精度和更具实用价值的模糊近似支持向量机；章永来等（2014）构建了支持向量机预测模型，该模型能够更为有效地预测人体脂肪含量；刘双印等（2015）针对水质预警中的因素多、精度低、模型复杂等难题，提出了粗糙集–支持向量机（RS-SVM）的水质预警模型；郑毅等（2019）基于多任务支持向量机提出了健康数据的融合方法；王东波等（2017）基于支持向量机构建了古籍自动分类模型；田梅和朱学芳（2018）利用支持向量机建立了信息偶遇频次预测模型。

综上，支持向量机不仅具有神经网络等其他方法所不具备的独特优势，而且能够运用于各学科领域，是一种通用的人工智能算法。目前，支持向量机被广泛运用于各种各样的风险评估和预测当中，这对本书所研究的云服务风险度量和评估具有较强的启发意义和参考价值，前人的相关研究也为本书的研究内容的选择和研究视角的确立具有一定的借鉴价值。

3.4　本章小结

本书内容是跨学科交叉的综合性研究，在具体的研究过程中将运用系统科学、系统工程、信息科学、数学计算以及管理科学等领域的相关理论和方法。考虑到风险发生的不确定性和关联复杂性，本书作者及其研究团队通过参阅国内外相关研究文献，论述了信息熵理论及其特点和应用性；马尔可夫链在随机过程状态描述、未来趋势预测及特征优势评估方面的优势和应用，以及支持向量机在风险评估和预测中的应用现状。本书将信息熵理论、马尔可夫链、支持向量机等作为研究的关键技术，试图利用其不确定性分析和定量描述的优势，结合其具体计算方法有效地避免在风险度量和评估中所存在的人为主观因素影响。这些相关文献丰富了当前云服务风险及可行性研究的基础理论，扩展了其研究领域，为本书的研究指出了关键问题，并指明了未来的研究方向，对于本书研究思路的扩展和关键技术的采用都有重要的启示意义。本书将在这些研究的基础上，针对当前所存在的问题及未来的研究任务重点展开详细的论述和研究。

第二篇　云服务安全风险度量与评估

| 第 4 章 | 云服务风险特征分析及风险属性模型

4.1 概　述

云服务由于其高效便捷性，受到越来越多 IT 行业服务商的关注，被普遍认为是促进未来互联网经济繁荣的又一个重要增长点（冯登国等，2011）。然而，当前云服务发展却是面临着极大的挑战，Gartner 于 2009 年的调查结果显示"70% 以上企业的 CTO 都因为安全问题的顾虑，暂时放弃了采用云服务"，安全问题成为阻碍云服务发展的关键因素。而云服务要得到继续的发展，其首要问题就必须解决当前所面临的各种安全问题。

目前，在风险的管理与维护过程当中，通常是面向某些风险子问题单独地进行预防和控制，而并没有从"根源"上去认识这些风险问题，这就使得风险的维护管理在应对一些突发的情况时往往显得措手不及。而在实际的云服务过程中，风险的发生具有较大的复杂性和随机性，面对这样的情况要做到有效的风险管理和维护，则需要对云服务的安全问题有一个系统全面的认识，建立其风险机制（即建立云服务安全风险属性模型）。它是进行风险度量与评估的重要基础，能够为风险的管理决策提供重要的依据。

因此，为了能够合理地预防和管理当前云服务所面临的各类安全问题，本书预建立风险的安全属性模型，并实现对风险的有效度量及评估。通过借鉴国内外相关研究所提出的风险因素考虑，本书现将云服务安全风险属性划分为隐私风险、技术风险、商业及运营管理风险三个维度，针对这三个方面的主要研究内容分别如下。

（1）隐私风险

隐私风险通常是指云服务环境下由于安全疏忽所造成的用户隐私数据泄露。由于云服务环境下各数据、应用和服务等均存储在云端，一旦云用户将相关数据提交给服务商后，具有优先访问权的便不再是用户自身，而是云服务商，这就不能排除用户在长时间使用云服务过程中造成隐私数据被泄露的可能性。其中，云服务安全所涉及的用户隐私较多，除了传统隐私安全认识上用户的基本资料以外，在云服务的环境下还包括用户的电子财务数据、位置隐私、浏览踪迹、服务端记录信息、相关受理业务、软件使用习惯以及实时操作状态等隐私信息（季一木等，2014），当这些相关信息外泄后都会给云用户造成直接的影响及损失。

因此，如何将风险降至最低成为用户最关心的问题，也是服务商迫切需要解决的问题。为此本书将对当前云服务应用状况进行调查、研究和分析，同时回顾和梳理现有风险理论，探讨云服务隐私风险的主要因素，从而丰富和完善云服务安全风险属性模型。

（2）技术风险

云服务之所以存在一系列的安全问题，有很大一部分原因来自当前云服务技术的不成熟。众所周知，云服务共包含三个层次的服务，分别是基础设施即服务（IaaS）、平台即服务（PaaS）及软件即服务（SaaS）。无论是任何一个层次的服务都将涉及体系结构、虚拟化存储、网络传输、效用计算等相关方面的技术要求，其中任何一个技术上的差错或是技术支撑不到位的原因都将会直接影响系统的正常运作，造成经济上的不必要损失。

而本书的研究正是为了探讨这些由于技术差错所带来的安全问题，如采用何种技术能够降低风险？不采用某技术会造成哪些风险可能？通过跟踪云服务前沿理论，并结合调查云服务的实践应用状况，最终凝练云服务技术风险的主要因素。

（3）商业及运营管理风险

除了信息技术上缺陷所造成的风险损失外，云服务过程同样存在由于运营商管理失策或是其所处商业环境影响而造成的安全问题，即云服务的商业及运营管理风险。同时，由于云服务分布式存储的特点，其数据存储可能跨越不同国家或是地区，而由于这些国家或是地区在政策法规方面的差异都将会给云服务带来潜在的安全风险。这就要求在云服务过程中，服务商需要严格遵循各地区的司法程序，获得相关权威机构的审计或是安全认证，并根据云服务特点合理的管理和控制云服务的角色权限，只有在这一系列相关管理支持的条件下才能维持云服务的长远发展。然而，当前云服务还正处于新兴的商业模式阶段，几乎所有的服务商都还不具备完善管理云服务的经验和方案，这就造成了云服务环境下由于商业环境及管理缺陷所带来的诸多安全问题。

为此，本书将综合从用户和服务商角度进行考虑，围绕云服务的管理运营模式展开研究，凝练出云服务的商业及运营管理风险的主要因素。

综上所述，在接下来的工作中，将在这三个维度的基础上展开对云服务安全风险的研究，同时梳理各类风险及其风险因素之间的相互关系，最终建立具有交叉关系的云服务安全风险属性模型，为后续的风险度量和风险评估奠定基础。其示意图如图 4-1 所示。

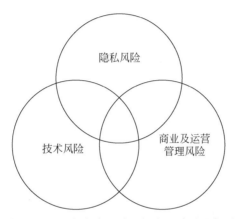

图 4-1 云服务安全风险属性交叉关系示意图

由图可见，在风险梳理过程中由于分析的视角不同，最终所建立的云服务安全风险属性在隐私风险、技术风险、商业及运营管理风险三个维度之间是存在一定交叉关系的，即表示某些风险因素的发生既可能属于隐私风险的范畴，也可能源于技术风险或是商业及运营管理风险，存在多种发生的随机可能状态。因此，在建立云服务安全风险属性的过程中，并不是将各类风险单独区分开进行分析，而是引入了对各风险因素之间交叉关系的考虑，最终建立具有交叉关系的云服务安全风险属性模型。

4.2 云服务安全风险因素分析

4.2.1 云服务隐私风险因素

根据云服务的特点，本书在国内外相关研究的基础上，经过梳理提出了以下相关隐私风险因素，并从用户隐私的角度针对各风险发生的可能情况及损失影响进行了详细的说明，如下所示。

（1）数据隔离

在公共的云服务环境下，多租户的资源共享构成了云服务庞大的应用资源池，它在为用户提供高效、便捷服务的同时，也给用户带来了潜在的隐私风险。随着用户需求的增多，越来越多的数据被存储在云端，若不能有效地将这些数据隔离开来，当多个事务同时进行时，由于某个软件漏洞或是程序缺陷就会存在各用户隐私被他人所窃取或查看的可能，从而造成云用户隐私被泄露的风险。

2012 年全球最大的社交网站 Facebook 就曾被证实因为在数据隔离上的处理不当，造成用户在下载好友列表中联系人数据时会获取到原本不应该存在的额外信息，造成了个体隐私在用户之间的泄露。可见，数据隔离对于云用户隐私数据的保护极为重要，是威胁用户隐私的一个重要风险因素。

（2）数据加密

数据加密利用密码技术实现对用户信息的隐蔽，能为数据的存储和传输提供强大的保护。在云服务模式下，数据提供者和数据访问者不再是简单的一对一关系（程玉柱和胡伏湘，2013），当云用户将数据存储到云端后，用户则需要通过服务商所提供的各类接口对数据进行访问，而存储在云端的数据则有可能被恶意的用户或是非法的运营商管理员所窃取。

因此，要有效地保护用户的隐私，则需要合理利用安全加密机制实现对数据信息的保护，鼓励用户采用高强度密码加强对自身隐私的保护，当某用户需要查看加密文件时只有通过相应的密钥才能进行访问，从而保证用户隐私数据在传输和访问过程中的安全性。

（3）密钥管理

数据加密在一定程度上有效地实现了对于用户隐私的保护，但是却并不能忽略对于密钥管理的风险因素的考虑。因为在实际过程中，即使云服务商实施了较为完善的数据加密机制，但是如果密钥没有交给用户自身管理，或是由于用户自身密钥管理的疏忽，或是在传输过程中频繁使用密钥等问题，都将会构成对于用户隐私安全的威胁。相反，如果密钥由服务商所保管，又会存在被服务商内部恶意员工所利用的可能。由于这些潜在的风险影响，可见密钥管理对于用户隐私安全的威胁不容小觑，是分析云服务安全风险必然考虑的因素。

（4）内部人员威胁

由于利益的诱惑，在实际过程中来自内部人员的威胁一直存在，无论是有意或是无意的非法操作都将给用户隐私带来威胁。当用户将数据上传到云服务数据中心后，诸如企业账户、交易记录、个人兴趣爱好、具体位置等敏感信息都将会被相应的管理人员有意或是无意地看到，在利益的驱动下这些数据将有很大可能被恶意的内部人员所利用而从事非法活动。因此，内部人员威胁在实际的风险预防和管理工作中同样不可以排除。

（5）数据销毁

数据销毁的目的是将数据彻底删除且无法复原，从而避免数据信息的泄露。然而，在云服务环境下当用户提出申请要求删除存储在云端的资源时，当前大多数的操作系统都不能够及时做到真正的擦除，在公用的磁盘信息上通常会残留额外的数据副本，这就给其他恶意用户留下了利用残留数据进行非法重建的机会。

英国电信集团（British Telecom）就曾和英美多所大学合作，从不同渠道搜集到约 350 张被遗弃的二手磁盘，通过研究发现在经过简单的数据复原技术后，有 37% 的磁盘上仍能够找回一些敏感的个人或企业数据，包括财务资料、信用卡号、网购数据、医疗数据等信息。以上实例表明数据销毁的不彻底将会对用户隐私安全构成较大的威胁，是风险管理和控制中需要重视的风险因素。

（6）身份认证

身份认证也称身份鉴别，是对某用户是否具有访问或使用某资源权限的一种身份信息判断方式。在云服务环境下面对庞大的用户群时，各用户数据都被存储在公用的云端，不同的用户具有不同的身份信息，若不能将每一个用户的身份信息通过数字认证的方式区别开，则会构成对云用户隐私安全的威胁，给"非法"用户带来可乘之机，导致其他用户的身份信息被冒充，从而造成数据的泄露，影响授权访问者的合法利益。

在 2014 年 11 月全国研究生招生考试期间，就因为身份认证的缺陷导致我国 130 万考生考研信息被泄露，包括考生的手机号码、身份证号、住址、报考学校及专业等一系列敏感信息，使不少考生遭受到了各方的骚扰，个人信息被不法分子利用。由此可见身份认证是保证用户隐私数据安全的一个重要关口，是决定隐私安全的又一重要因素。

（7）访问权限控制

访问权限控制是在身份证认证的基础上，根据预定义的身份标识来限制各用户对信息资源进行访问的管理机制。如果将身份认证理解为"你是谁"的一种判断，而访问权限控制则是为了解决"你能做什么"的问题。在云环境下，访问控制通常是由管理员针对不同用户设置不同的访问权限，从而实现对某网络资源访问角色以及访问数量的限制。因此，在缺少访问控制或是授权机制不善的情况下，则将会造成用户的隐私数据被其他用户越权查看或是被非法窃取。

（8）法规约束

云服务作为新兴的产业技术，在法律约束和规范上都显得相对滞后，给云服务的隐私安全造成了威胁。目前，云用户与服务提供商之间的责任与权限界定并不清晰（冯登国等，2011），这就导致当用户隐私受到侵害时最终责任归谁难以定夺，使得用户的隐私权益得不到合法的保护。而且各地司法的差异也会构成对用户隐私的威胁，如隐私法的冲突（Heiser and Nicdett，2008）和跨区域的传输过程（Theoharidou et al.，1988）都会造成数据的泄露。另外，在某些地区或是国家相关法律还规定用户必须得向政府公开其个人信息，比如在《美国爱国者法案》中，政府就有权访问在美国境内的用户数据（Sharma，2013；Pearson，2013；AlSudiari and Vasista，2012），若存在恶意的内部人员则用户的隐私随时可能被泄露。如上所述，可见"法规约束"也是决定和影响用户隐私安全的一个重要风险因素。

（9）不安全接口和 API

要实现云租户与云平台之间的交互过程，租户必须依赖于服务商所提供的软件接口或是 API 才能进行相应的管理和操作（胡振宇等，2012）。这些接口关系到云服务环境下庞大的虚拟机群，是用户访问云端资源、获取服务过程的重要基础。

可见，接口和 API 就成了云服务实现过程中的脆弱环节，一旦这些接口和API 的保护措施出现漏洞，很可能会被黑客扫描到并加以攻击和利用。一旦攻击成功，一方面将会直接影响到云平台的正常交互过程，甚至会造成服务中断，另一方面,云平台中的用户数据和个人信息也会被获取和破坏。这些与用户紧密相关的数据被获取到,势必会造成用户隐私泄露。因此,不安全接口和 API 是隐私风险必须考虑的因素之一。

4.2.2 云服务技术风险因素

随着云服务市场的不断壮大,在其普及过程中由于技术的不成熟和对具体市场运作的不了解,已经暴露出不少的技术缺陷直接影响到系统的正常运作过程,从而给企业造成了不必要的经济损失。也正因为如此,在管理决策过程当中,越来越多的云服务商开始注重对技术风险的预防和控制,唯有在风险来临时对其发生原因和影响结果有一定的认识和了解,才能保证其风险维护管理的有效进行。因此,本节将重点探讨云服务的技术风险因素。与 4.2.1 节的分析角度所不同,本节将重点围绕云服务的技术特征,从技术角度详细讨论在云服务实际运作过程中可能存在的风险因素,为之后的风险管理决策提供依据。

(1)数据加密

数据加密是云服务过程中的核心技术,通过与密钥管理的结合能够防止不法分子对系统的恶意攻击,但这并不排除这种数据加密技术本身不存在缺陷。例如,在某种情况下数据的加密技术也可能会造成对数据结构的破坏,从而导致数据失效、信息描述错误、数据使用复杂甚至数据损坏等情况发生,直接影响到云服务的交付过程。

另外,在现阶段由于这种加密机制的不成熟,在大多数情况下虽然保证了用户的数据安全,但却会降低在具体事务中数据的使用效率。可见数据的加密技术不仅是对用户隐私安全保护的一种重要需求(影响到用户隐私安全),也是支撑整个云服务稳定运作的重要基础,若是出现加密技术的失误,它也会成为影响云服务安全的一种技术风险因素。

(2)数据销毁

从 4.2.1 节的分析得知,数据销毁若是做不到彻底的数据擦除,就会造成对用户隐私安全的威胁,它是在实际交付过程中对云服务技术的一个重要考验。由于云服务多租户共享的特点,很多用户的数据都被共同存放到同一存储设备上,而出于经济性的考虑这一存储设备又需要被重复使用,对此传统的物理摧毁方式并不适用，这就要求云服务销毁技术在做到完全销毁的前提下，还需要保证存储设备本身不被损害，同时不破坏到其他用户数据。另外，当数据被移动的时候，数据销毁技术也需要确认原本储存位置上的数据已经被销毁，并且删除额外的备份文件，以免留下残余数据。这些问题构成了实现云服务数据销毁的困难，将直接影响到实际交互过程中数据的安全，是云服务技术中不可忽视的一环。

（3）身份认证

云端存储有来自不同区域、不同客户的共享资源，要确保与用户交付过程的安全，仅通过"用户+密码"的认证方式仍然不够，还需要结合其他的身份认证技术对访问者身份进行验证。因为，一些用户在访问不同网络资源时通常习惯于使用相同的账号和密码，这就会导致黑客利用同一密码去试验该用户在其他网站的身份，从而盗取相关信息。2011 年 12 月 21 日中国软件开发联盟（Chinese Software Develop Net，CSDN）正是由于这一原因，导致 600 万左右用户信息被黑客所利用。

另外，身份认证作为确保云服务安全的关键技术，并不只是做到保证数据安全就行。在面向庞大的用户群时，除了需要做到身份的有效识别外，还必须具有"通用性""兼容性""经济性"等特点，否则这些问题都将会影响到云服务的实际应用、阻碍云服务的推广，给企业的运营带来不良影响。

（4）数据迁移

数据迁移是保障用户数据能够在不同云平台之间进行转换、移植和使用的技术，它对于用户业务的正常运营和扩展极为重要。由于云服务建立在网络的基础上，势必会遇到网络攻击、服务中断、数据或访问过载的情况，面对此类突发的情况通过将数据进行安全移植能够起到有效的缓解作用，可见数据迁移技术是云服务系统长期稳定运作的重要保障。

（5）访问权限控制

访问控制是和身份认证配套的一种云服务安全保障技术。在云环境下用户身份验证通过后，服务端将会根据访问者身份信息来决定是否授权访问，从而实现对某网络资源访问角色以及访问数量的限制。这就导致若是缺少访问权限控制，仅拥有身份验证，也会构成技术缺陷，被不法分子所利用。

在云服务的访问控制中，通常包含两种控制类型，一种为"自主访问控制",即由用户自身对所提供的资源进行访问授权,而另一种为"强制访问控制",即由服务提供商强制对用户资源进行统一的授权控制。无论是哪一类控制都涉及对系统的操作和对资源的访问,若是处理不当将会导致用户权限混乱,造成不可估量的负面影响和经济损失。

(6)数据隔离

对于未授权用户可以通过数据加密方式进行防范,但是对于已经授权的用户要保证个人隐私不被他人访问到则需要实现对用户数据的隔离。数据隔离所造成故障已经不再少见,ENISA 认为数据隔离风险主要存在于不同租户间的分离存储、内存、路由和声誉隔离机制等方面,较为常见的如客户机间的跨区攻击。

Gartner 则从用户角度论述了数据隔离的风险,认为用户需要对云服务商如何实现用户数据的隔离有所了解,从而选择合理的数据存储和备份方式,用以保证自身数据的安全(Heiser and Nicolett,2008)。而对于云服务商而言,则需要综合考虑技术的复杂性和经济成本,从不同的服务层次上根据用户的租赁需求,采用合理的隔离机制来确保云租户间数据的不可见性,并且不破坏数据本身的结构。一旦数据隔离出现差错,不仅危及用户隐私的安全,还危及云服务商的正常运营。

(7)软件更新及升级隐患

更新换代是所有技术产品的特点,然而每一次的更新或是升级都难免会在新的适应过程中出现问题。随着云服务租户及其服务需求的增多,越来越多的问题开始暴露,这就造成云服务产品需要进行不断地更新,但是并非每一次更新或升级都能解决当前问题,甚至可能带来新的未知隐患,并且由于云服务特殊的服务模式,这些隐患将会迅速地扩散开,从而影响到用户业务的正常进行(朱圣才,2013)。另外,许多不法分子也会利用计算机所发出的更新请求以恶意的软件或补丁代替,这些都是威胁云服务安全的重要技术因素。

(8)网络恶意攻击(网络入侵防范)

当前,实际应用过程中云服务安全的大多数危机都来自网络攻击,如非法入侵、恶意代码攻击等,而为了解决此问题运营商通常需要采用网络监控的防范,它能够从一定程度上防止来自网络的攻击。网络监控通过对主机的 IP 地址、物理地址、端口号、流量等进行监视,从而检测其中可能存在的不良行为,有效避免来自网络的威胁。但是网络监控技术也会存在漏洞，不能够完全庇护到所有的细微环节，这就会为黑客留下攻击缺口，给系统造成安全隐患。同时，监控技术自身也存在一定弊端，比如要实现网络监控就需要占用额外的虚拟化资源，导致网络延迟（Sangroya et al.，2010），从而影响企业的稳定运作。

（9）不安全接口和 API

要实现云租户与云平台之间的交互过程，租户必须依赖于服务商所提供的软件接口或是 API 才能进行相应的管理和操作（胡振宇等，2012）。这些接口关系到云服务环境下庞大的虚拟机群，是用户访问云端资源、获取服务过程的重要基础，一旦出现漏洞被黑客利用，将直接影响到云平台的正常交互过程。2011 年 10 月亚马逊弹性计算云（elastic compute cloud，EC2）服务上就曾因为一个控制接口上的漏洞被黑客所利用，造成了严重的影响。CSA 也曾在年度报告中指出不安全的接口和 API 是威胁云服务安全的重要因素。

然而，更为复杂的是，在这些接口上还存在由第三方组织所提供的额外增值服务，这更增加了云服务商对接口管理的处理难度，而用户也将更容易掉入不安全接口的陷阱中，使得云服务安全的风险不确定性变得极为复杂。可见这些接口对于云服务安全的影响极为关键，一方面既是实现云服务实际交付过程的重要技术支撑，另一方面若是处理不当也将会成为影响云服务安全的潜在威胁。

（10）数据备份与恢复（数据灾难恢复）

随着信息水平的提高和应用需求的增加，存储在云端的数据越来越庞大，结构越来越复杂。假设这些数据一旦丢失，那牵涉的用户和波及的范围将无可估量，对于某些企业来说甚至可能是毁灭性的灾害。在云环境中，可能造成数据丢失的原因很多，如密钥的丢失导致数据无法解密（姜政伟和刘宝旭，2012），操作失误造成数据消除、机房发生意外灾害或是不可靠的存储介质等，在没有合适数据备份的情况下都可能造成严重的数据丢失事故。

虽然数据丢失的风险属于少数情况，但是数据丢失却意味着用户将不能够在该云服务平台上继续相应的服务或应用操作，造成意料之外的损失；而对于服务商而言，则将失去大量的客户资源，导致自身的正常运营难以继续，形成巨大的经济损失。因此，为了不至于酿成如此灾祸，云服务商必须具备强大的容灾和数据恢复技术。

（11）网络带宽影响

云服务作为基于网络的应用，其使用过程高效便捷，一切资源仿佛都是从云端直接"飘"过来，但是在这背后却是消耗着大量的网络带宽资源。在实际的云服务运作过程中，网络带宽的优劣将直接决定其性能表现，只有在可靠的、稳定的、充足的、容易获取的带宽资源下，才能保证整个平台的稳定运作，为更多的用户提供便捷的服务。否则，当多个用户同时使用业务时，将会达到带宽峰值，此时就有可能出现网络、服务终端瘫痪，网络延迟等问题，对企业造成不必要的损失。

4.2.3 云服务商业及运营管理风险因素

任何新技术产品融入市场后，其运营管理都会显得较为落后，对于很多问题都来不及做出合理的对策。因此，除了信息技术造成的风险损失外，云服务实际运作过程中服务商和企业客户自身的运营体系，或是所处的商业环境影响也可能造成云服务安全风险。接下来，本书将围绕云服务的运营管理及所处的商业环境进行风险的分析和讨论，最终通过梳理总结得到以下风险因素。

（1）服务商生存能力

对于一个服务商是否可靠，用户往往最为看重的就是该服务商的规模实力，即对于该服务商自身生存能力的一个判断。

Gartner（Heiser and Nicolett，2008）曾在其报告中强调了"服务商生存能力"是云服务风险评估中需要考虑的一个重要因素。当用户选择某服务商时，需要具有长远的眼光，对于该服务商是否能够提供长期稳定服务，是否具有长期生存的能力都需要有所了解；相反，服务商若要寻求更多的用户，则需要向用户提供其相关安全程序保护的详细资料，并对于出现风险事故时会采取怎样的挽救方法加以说明。否则，服务商一旦出现破产、并购，或是转包的情况，就会给企业用户造成突发的风险损失，甚至是出现服务中断，从而导致该企业的运作无法继续进行，所造成的经济损失无法估量。可见，服务商的生存能力是保障云服务安全的重要基础，其关联重大，在考虑云服务安全时不可忽略。

（2）法规约束

已知法规约束能够保障云服务的合法性，但是从另一面讲它也是对服务商和企业用户所具备职能的一种约束。在 Gartner 所列举的风险因素报告中曾指出服务商在提供给用户服务的同时，必须接受外部相关组织的合法审计和安全认证（例如相关行业标准或管理规定的认证），否则在某些特殊情况下服务商将无法履行已承诺提供的相关服务（Heiser and Nicolett, 2008），而用户也只能执行一些无关紧要的职能，这就可能使得服务商和用户之间产生一系列不必要的矛盾或是纠纷，既影响到用户的正常业务，也会为服务商带来不必要的经济损失。

因此，在风险的管理决策中，服务商和用户之间都必须在遵守法规约束的条件下，选择和执行相应的职能，如可以上传哪些信息，可以公开哪些信息，能够执行何种业务等，这些都是在相应的管理决策中所需要考虑的因素，受到法规约束的影响。

（3）数据存放位置

由于云服务跨区域分布的特点，数据存放位置成为一个客观存在的环境风险因素。当用户在进行相应的数据管理操作时，几乎都不知道这些数据是被存储在什么地方，而此时数据就有可能被存储于不同的地区或是国家。

面对这样的特殊情况，一方面，数据存储受到了各地司法差异的影响，如一些国家强令禁止本国公民的隐私数据存储于他国；有些银行监管部门要求客户必须将数据保留在本国等（Heiser and Nicolett, 2008）；另一方面，数据存储于不同地区，可能服务商都难以知道数据的具体存放位置，当风险发生时对于数据的管理和维护将更为困难。例如，数据的迁移、数据的恢复、数据的备份等都会因为异地储存存在潜在的风险威胁。

云服务需要面向不同的客户提供强大的计算能力，同时也需要存储海量的数据，而这些数据势必会受到存放位置的影响。因此，在考虑云服务安全时同样需要考虑由于数据存放位置所带来的潜在风险威胁。

（4）内部人员威胁

在实施了数据加密技术后，无论是企业用户，还是服务商都不能忽视对于内部相关人员的管理和约束。因为就算在周全加密技术的保障下，缺少了对于内部人员的管束，如若存在不怀好意的内部员工（他们比外部人员更了解系统的具体信息，并具备特殊的管理和监督权限，即使不需要非常高明的技术也能轻松地窃取到机密数据进行变卖或是对系统进行破坏），也可能造成云服务安全风险。2010 年谷歌公司就因为自身管理的疏忽，导致两名内部员工侵入 Google Voice、Gtalk 等账户，造成数据泄露。虽然此类风险事件为少数，但却具有隐蔽性，对企业造成的影响也较大。

因此，服务商或是企业用户都不能只关注外部的威胁，而忽略了对于内部的防范，还需要对拥有特殊权限的管理人员实施合理的组织监督，并进行相应的授权，保证各员工之间能够相互制衡监督、共同合作。

(5) 密钥管理

密钥管理是对密钥进行保管的一种执行措施，本书在 3.1 节已经论述了它对用户隐私安全的威胁。密钥管理是否会造成事故风险，有较大部分原因取决于服务商所采取的密钥管理方式。如选择由谁来保管，什么时候需要用到密钥，保管在什么地方等问题都是在实际运作过程中需要考虑的重要因素。它是一种对于确保云服务安全的管理制度需求。

(6) 调查支持

为了避免风险的发生，进行相关调查和电子举证是一条有效的，也是必需的途径，但是云服务与传统的服务模式不同，它具有多租户、跨区域储存的特点，包含不同的服务层次且不断会出现服务上的变化，要展开调查工作并不是一件容易的事。正是由于此原因，目前大多数的云平台服务商都不情愿或是难以提供给用户相应的调查支持，这就意味着用户对于实际交互过程中可能存在的不良行为将无法进行调查，给不怀好意的员工进行非法活动创造了宽松的环境。面对已经存在的违法违规行为，在没有调查支持的条件下仅通过假设将难以确定其具体原因或来源，对于企业而言将造成极为尴尬的局面，导致风险的不确定性增加，形成诸多难以控制的风险威胁。

可见有无调查支持是影响云服务安全的一个重要因素。然而，也并非是拥有了调查支持就能有效地对实际过程中的违法行为进行溯源。因为，即使服务商提供了调查支持的途径，用户也并不一定了解在云服务复杂的环境下具体的调查工作应如何展开。这就要求企业用户在进行调查时，还需要获得一些特定形式调查的协议保证，并在调查工作中得到服务商的积极配合，否则仍然无法成功地找到其中可能存在的威胁，企业将面临许多突发的风险可能。

（7）硬件设施环境

云服务系统的正常运作不可能脱离配套的硬件设施，这就意味着云服务安全除了软件环境方面的潜在风险外，还存在来自物理环境方面的风险可能。云服务数据中心作为云服务的核心平台，其安全性是一切云服务运作的基础保障，如机房的防盗保护、灾害预防、温湿度控制以及电力供应等（姜政伟和刘宝旭，2012）都是对硬件设施环境进行保护的必要措施。其中任何一项防范措施的疏漏都可能酿成灾祸，直接影响到系统的正常运作。2012 年 12 月 24 日，亚马逊云计算服务（Amazon Web Services，AWS）就因为位于美国东部 1 区的数据中心出现故障，导致 Netflix 和 HeroKu 等网站受到影响；2011 年 8 月 6 日亚马逊北爱尔兰柏林数据中心因为自然灾害，被闪电击中变压器导致 EC2 平台的多家网站中断达 2 天时间之久，造成巨大的经济损失。这些都是近年来数据中心出现的宕机事故，因此在云服务的风险预防中还不能忽略了对于硬件设施环境风险因素的考虑。

（8）操作失误

在云服务复杂繁忙的业务过程中，即使是服务商自身也难免会由于疏忽产生一些不经意的风险事故。例如，在某些突发的情况下，数据未经妥善备份，同时由于服务商的意外删除就可能导致数据丢失的严重后果，2011 年 3 月谷歌公司就曾因为系统管理员的操作失误，造成 15 万左右用户的邮件与聊天记录丢失。虽然操作失误的情况并不为多数，但是却是无法避免的，因此操作失误也是构成云安全风险的一个重要因素。

（9）监管机制及配套设施

CoalFire 在论及云端的关键风险时，曾指出企业应将云服务视为一类高风险的服务模式，建立相关的控制机制并配套监控设施，同时与云用户之间建立可信的双向信息交流机制，从而记录日常的系统事件用以解析其中存在的异常情况。

在控制机制下，管理人员将更加明确具体的安全保障工作，从而有效执行相应的安全监督。另外，监控设施也能够通过事故分析的帮助，及时清理其中的不可靠设备，准确找到原因对设备进行维护或是更换。而这一切在缺乏控制机制及配套监控设施的情况下，都将难以实现，一旦出现风险事故，服务商将不能够及时找到其中具体原因，无疑将会给企业造成不必要的经济损失，影响到系统的正常运行。

（10）服务商可审查性

云服务是一项新兴的商业供给模式，服务商需要接受相关机构的审计和安全认证，才能让用户了解到服务商的安全性，若是服务商拒绝或是逃避相关的审计和安全认证，将会形成云服务由于其灵活性在面向不同的用户需求时，往往需要执行不同的服务标准，而很多服务在缺乏监督管制的情况下经常会出现疏漏而导致风险（Anton et al.，2009）。

4.2.4 云服务安全风险属性模型

在以上风险因素分析的基础上，根据各风险因素之间的相互关系，将云服务安全风险属性划分为三个维度，最终梳理得到云服务安全的风险属性层次模型如图 4-2 所示。

如图 4-2 所示，本书最终所建立的云服务安全风险属性模型，各风险类与底层的风险因素之间是具有交叉关系的，这与传统风险层次的划分所不同。传统风险研究过程中，通常是将风险划分为几个单独的大类，忽略了对于多个风险发生随机性的考虑。

本书所建立的风险属性层次模型，正是出于这一点，引入了对于风险发生随机性的考虑，将云服务安全风险划分为 3 个层次，并描述了各风险因素之间交叉的复杂关系。其中：

第 1 层为研究的目标，即整个云服务安全风险环境；

第 2 层为风险维（或风险类），即之前所划分的三个风险维度，分别为隐私风险、技术风险、商业及运营管理风险，用 β_i 表示，三个维度下的风险因素之间存在交叉；

第 3 层为各风险因素，即之前梳理所得，它们是造成风险发生的重要因素，用 α_i 表示；

由于云服务风险因素之间是相互独立的，具有多种发生可能状态。即当某风险发生时，它可能是单独发生也可能是与其余风险共同发生，这就存在较大的发生随机性。

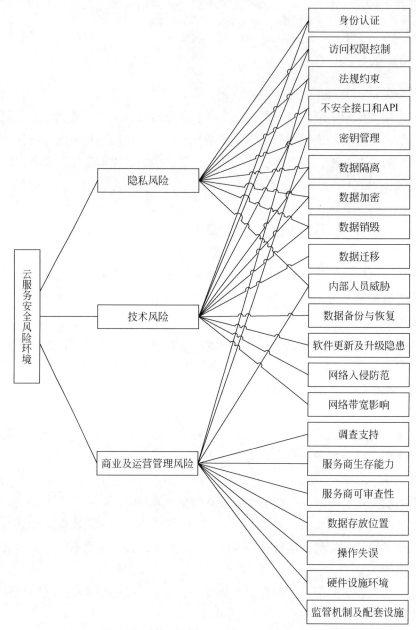

图 4-2　云服务安全风险属性层次模型

　　因此，本书所建立的风险属性模型较之以往的研究过程，更为符合云服务风险的发生特点，将为之后的风险度量和评估提供切实可靠的基础。

|第 5 章| 　基于信息熵和马尔可夫链的
云服务安全风险度量

　　风险度量是对风险进行有效识别和评估的重要基础,其任务主要是根据风险的发生特点对风险的大小进行量化。相比定性的风险描述,风险的度量将更能够准确地反映各风险之间的相互关系及其特征,为风险的管理决策提供重要的参考,帮助决策者找到问题的关键。

　　然而,风险并不如自然科学中具体的研究对象,它只是一个抽象的概念,并且具有不确定性、多态性、必然性和损失性等复杂特点,要对风险进行量化研究就必须建立一套系统的指标体系及衡量标准。可见,风险的度量并不是一项简单的研究工作,它既是本书的研究重点和创新内容,同时也是本书的研究难点。

　　因此,本章将在之前所提出的风险属性模型基础上,根据云服务风险的特点,结合信息熵和马尔可夫链原理提出一种对风险进行有效度量的合理方法,并建立其风险度量模型为今后的研究奠定基础。

5.1　度　量　模　型

　　传统的风险研究通常是围绕风险发生的概率及其对项目的影响两个方面综合考虑,并对风险进行量化。但是在其量化过程中,风险的发生概率及影响一般都是由专家进行估计,这就使得风险度量所得结果可能存在人为偏差较大的情况。鉴于此,本书拟采用信息熵的计算方法对云服务风险大小进行度量,从而有效避免在对风险发生概率及其损失影响进行估计时人为主观因素过高的弊端。

　　然而,由于云服务自身复杂的特点,在对其风险大小进行度量分析时,仅仅依靠信息熵理论仍然是不够的,虽然它能在一定程度上减少研究过程中人为主观估计对风险度量的影响,但是却不足以满足云服务发生的所有特点,如以往的风险研究通常考虑了单个风险发生的不确定性及损失影响,但是却忽略了实际过程中多个风险同时发生的随机可能状态,不能够真实反映云服务过程中风险的可能发生状态,导致研究结果与真实数据之间存在偏差;另外,仅以信息熵理论作为研究基础，在理论支撑上也会显得较为单薄而得不到佐证。

因此，本书在对云服务风险进行度量时，除了运用信息熵的相关理论外，还将引入对风险相互之间关联的考虑，结合马尔可夫链原理对其风险发生的多种可能状态进行描述，从而求取在云服务稳定运作状态下各风险发生的稳定概率，使得所提出的风险度量模型更为符合实际过程中云服务风险发生的特点，为风险的管理提供切实客观的数据支撑。

5.1.1　云服务风险与信息熵

已知，云服务风险的发生具有不确定性和损失性两个特征，根据这两个特征，本书将在第 3 章所建立风险属性模型的基础上，结合信息熵原理针对风险的大小进行有效的度量。

（1）基于信息熵的风险不确定性度量

假设云服务过程中某风险 X_i，$i=1$，2，$\cdots$，N 发生的频率为 $P'(X_i)$，则根据信息熵原理，可以将云服务本身看作一个包含 N 个相互关联风险因素 X_i 的复杂系统，如图 5-1 所示。

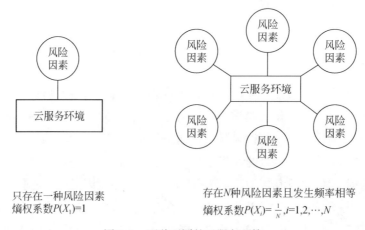

只存在一种风险因素
熵权系数 $P(X_1)=1$

存在 N 种风险因素且发生频率相等
熵权系数 $P(X_i)=\dfrac{1}{N}$，$i=1,2,\cdots,N$

图 5-1　两种不同的云服务环境

当该系统中只存在一种风险因素 X_1 时，即云服务环境中只存在一种风险可能时，当风险发生时维护目标明确，风险将非常容易被维护，不需要进行风险分析。此时，根据信息熵计算公式，将风险 X_1 发生的频率 $P'(X_1)$ 进行归一化处理,得到其熵权系数 $P(X_1) = P'(X_1) \Big/ \sum\limits_{i=1}^{1} P'(X_i) = 1$,则其信息熵 $H(X) = -P(X_1)\log_2 P(X_1) = 0$。

而当该云服务环境下存在多种风险可能且各风险发生的频率 $P'(X_i)$ 均相等时,造成风险发生的因素较多且难以确定,对于风险的维护与控制将极难进行,几乎不可能维护成功。此时,将各风险发生的频率 $P'(X_i)$ 进行归一化处理,得到各风险的熵权系数 $P(X_1) = P(X_2) = ,\cdots, = P(X_n)$,$\sum\limits_{i=1}^{n} P(X_i) = 1$,则根据信息熵计算公式,其熵值将达到最大 $H(X) = \log_2 n$。

根据以上分析,可见能够用信息熵的概念来描述实际过程中云服务风险的不确定性程度,即风险熵。其计算公式如下所示:

$$H(X) = - \sum_{i=1}^{n} P(X_i) \log_2 P(X_i) \qquad (5\text{-}1)$$

式中,$P(X_i)$ 为将云服务风险发生频率 $P'(X_i)$ 进行归一化处理后所得到的熵权系数,$P(X_i) = P'(X_i) \Big/ \sum\limits_{i=1}^{n} P'(X_i)$,$\sum\limits_{i=1}^{n} P(X_i) = 1$;$H(X)$ 即风险熵。其值越低,说明该云服务环境风险的不确定性越低,风险的控制目标明确,对于风险的维护与控制将越容易;反之,其值越高,则说明该云服务环境风险的不确定性越高,对于风险的维护与控制将越困难。

然而,在实际情况中,复杂的云环境下几乎不可能只存在一种风险或是出现风险发生频率均等的情况,也就意味着其熵值几乎不可能达到最大值或最小值。因此,实际过程中云服务的风险熵总是位于其最大值和最小值之间 $(0, \log_2 n)$,它反映了云服务环境下所存在风险的不确定性程度,风险的不确定性程度越高,风险维护控制的难度越大,所需要耗费的时间和财力就越多。

(2) 基于熵权的风险损失影响度量

至此,本书根据云服务风险发生的频率,套用信息熵公式提出了风险熵的概念,用于定量地描述实际过程中风险的不确定性程度(维护管理控制难度)。

然而,仅依靠风险熵还并不能够作为实际过程中风险大小度量的标准。因为,云服务风险的发生除了具有不确定性外,还存在必然性和损失性的特征。这就要求在对云服务风险进行量化分析的过程中,除了需要考虑其发生的不确定性外,还需要考虑该风险发生后对项目所造成的损失不确定性。

根据本书所提出的风险属性模型，假设在某云服务环境下共包含 n 类风险 β_i，$i=1$，2，$\cdots$，n，各类风险下分别包含 m 项风险因素 α_j，$j=1$，2，$\cdots$，m。这些风险因素发生的频率及其对项目的影响都各不相同。因此，为了能够有效准确地将各类风险进行定量的对比，本书在计算其损失影响程度时，拟采用式（5-2）所示的方法：

$$C(\beta_i) = \sum_{j=1}^{m} C(\alpha_j) P(\beta_i, \alpha_j) \qquad (5-2)$$

式中，$C(\alpha_j)$ 为第 j 项风险因素对项目可能造成的损失影响程度；其值越大，说明该风险发生时对项目所造成的损失越大；$P(\beta_i, \alpha_j)$ 为类熵权系数，表示第 α_j 项风险因素相对于第 β_i 类风险的熵权系数，$\sum_{j=1}^{m} P(\beta_i, \alpha_j) = 1$。

如式（5-2）所示，依次将风险 α_j 的熵权系数和损失权重相乘并求和便能得到 $C(\beta_i)$，该值即表示第 β_i 类风险对于整个云服务项目的损失影响程度。

其值越大说明该类风险发生时，对于项目损失的影响越大；反之，其值越小则说明该类风险出现时，对于项目损失的影响越小。

例：以某类风险 β_1 为例，假设构成该类风险的风险因素共 m 个，即 α_1，α_2，$\cdots$，α_m，其中各风险因素 α_j 在该类风险下所对应的熵权系数分别为 $P(\beta_1, \alpha_j) = [P(\beta_1, \alpha_1), P(\beta_1, \alpha_2), \cdots, P(\beta_1, \alpha_m)]$，$\sum_{j=1}^{m} P(\beta_1, \alpha_j) = 1$，如表 5-1 所示。

表 5-1　风险类 X_1 下各风险因素的损失影响程度及熵权系数

风险类	风险因素	损失权重	类熵权系数
	α_1	$C(\alpha_1)$	$P(\beta_1, \alpha_1)$
	α_2	$C(\alpha_2)$	$P(\beta_1, \alpha_2)$
β_1	...	...	...
	α_m	$C(\alpha_m)$	$P(\beta_1, \alpha_m)$

则 β_1 类风险的损失权重为 $C(\beta_1) = \sum_{j=1}^{m} C(\alpha_j) P(\beta_1, \alpha_j)$；同理，可以求得其他风险类 β_i 的损失影响程度 $C(\beta_i)$，通过 $C(\beta_i)$ 的比较将能够反映各类风险对项目的损失影响程度。

5.1.2　云服务风险与马尔可夫链

已知，在实际的过程中引发云服务风险的因素有很多，而这些风险因素之间均是相互独立的，这就决定了云服务风险发生的随机性。当某个风险发生时它可能是单独发生，也可能是与其余风险同时出现，存在多种可能的随机状态。

因此，为了能够准确地描述整个云服务的安全风险，本书拟采用马尔可夫链的研究方法，结合本书所提出的风险因素，根据它们之间的相互关联对整个云服务风险的发生状态进行描述，进而通过定量的分析得到在稳定状态下各类风险的发生概率（即风险的稳态概率）。

根据马尔可夫链原理，要计算稳定状态下云服务风险的稳态概率，首先必须了解各类风险β_i及其各风险因素α_j之间的相互关系，为此本书在第 3 章通过梳理已经建立了相应的风险属性模型，并将云服务安全风险划分为 3 个层次，分别是研究目标层（云服务安全风险）、风险类层β_i及风险因素层α_j，其形式如图 5-2 所示。

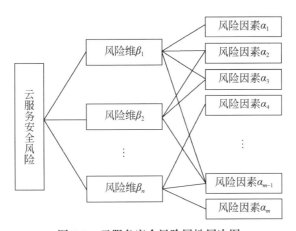

图 5-2　云服务安全风险属性层次图

在云服务安全风险属性中，第 3 层的各风险因素之间是相互独立的，它与第 2 层风险类之间具有复杂的交叉关系。因此，当某风险因素α_j发生时，它可能同时引发多类风险β_i，$i=1$，2，$\cdots$，n，也可能只引发一类风险β_1，这取决于风险因素相互之间的关联。如图 5-2 所示，风险因素α_1出现时只会引发风险β_1，但风险因素α_2出现时则将会同时引发风险β_1和风险β_2。

在梳理完成云服务安全风险属性间的相互关系后，根据马尔可夫链原理建立如下矩阵：

$$Q_{nn} = \begin{bmatrix} \beta_{11} & \beta_{12} & \cdots & \beta_{1n} \\ \beta_{21} & \beta_{22} & \cdots & \beta_{2n} \\ \vdots & \vdots & & \vdots \\ \beta_{n1} & \beta_{n2} & \cdots & \beta_{nn} \end{bmatrix}$$

式中，对角线上元素β_{ii}表示第i类风险单独发生的频率大小，其值取决于引发该类风险单独发生的所有风险因素威胁频率之和；非对角线上元素β_{ij}，$i \neq j$表示第i类风险发生时第j类风险同时发生的频率大小，其值取决于同时引发第i类和第j类风险的所有风险因素威胁频率之和。

根据以上描述，假设在稳定运营的云服务状态下，各类风险发生的稳态概率分别为$P(\beta_i) = [P(\beta_1), P(\beta_2), \cdots, P(\beta_n)]$，$\sum_i^n P(\beta_i) = 1$。则它们与转移矩阵$Q_{nn}$之间存在如下关系：

$$\begin{cases} P(\beta_1) = \beta_{11}P(\beta_1) + \beta_{21}P(\beta_2) + \cdots + \beta_{n1}P(\beta_n) \\ P(\beta_2) = \beta_{12}P(\beta_1) + \beta_{22}P(\beta_2) + \cdots + \beta_{n2}P(\beta_n) \\ P(\beta_3) = \beta_{13}P(\beta_1) + \beta_{23}P(\beta_2) + \cdots + \beta_{n3}P(\beta_n) \\ \vdots \qquad\qquad \vdots \qquad\qquad \vdots \\ P(\beta_n) = \beta_{1n}P(\beta_1) + \beta_{2n}P(\beta_2) + \cdots + \beta_{nn}P(\beta_n) \end{cases} \tag{5-3}$$

通过求解以上方程组，便能够得到图5-2模型中第2层各类风险的稳态概率$P(\beta_i)$，$i = 1, 2, \cdots, n$，$\sum_{i=1}^n P(\beta_i) = 1$。该值的计算引入了风险之间相互关联的考虑，更能够准确地反映实际过程中云服务安全风险的发生状态。

当$P(\beta_i)$越大时，则说明在长期稳定的云服务运营状态下，该类风险较之其余风险出现的概率越大，是当前云服务环境下威胁频率最高的风险；

反之，当$P(\beta_i)$越小时，则说明该类风险出现的概率越小，在实际的云服务过程中该风险出现的概率越小。

如上所述，将云服务的安全风险划分为不同的维度时，在各维度之间将会存在交叉的风险因素，此时结合马尔可夫链原理将能够计算得到稳定状态下各类风险出现的概率$P(\beta_i)$。

5.1.3 云服务安全风险的度量过程

根据以上的论述,本书结合信息熵和马尔可夫链的原理,分别提出了对风险不确定性、损失影响以及风险类稳态概率的计算方法。接下来,本书将把这些方法代入云服务安全风险的度量过程中。

第 1 步 为底层的各风险因素 α_i 进行评估赋值。

由于云服务风险是个抽象的概念,要对整个云服务系统的风险进行度量,只能从最底层的风险因素 α_i 开始逐层进行量化分析。在这里,本书拟采用专家赋值的方法,由 15 名熟悉该领域的专家进行评估,分别对各风险因素 α_i 的威胁频率和损失影响程度进行赋值。

如表 5-2 和表 5-3 所示,本书依据云服务风险发生的特点,建立了底层各风险因素 α_j 的威胁频率 $P(\alpha_i)$ 及损失影响程度 $C(\alpha_i)$ 的评估等级。

表 5-2 威胁频率 $P(\alpha_i)$ 的评估等级

数值	级别	具体定义
5	非常高	该风险因素对项目的威胁频率极高,实际情况中难以避免
4	高	该风险因素对项目的威胁频率较高,在大多数情况下都会发生
3	中等	该风险因素对项目的威胁频率一般,在实际运作中较为常见
2	低	该风险因素对项目的威胁频率较低,在很少数情况下会发生
1	非常低	该风险因素对项目的威胁频率极低,在实际情况中几乎不会发生

表 5-3 损失影响程度 $C(\alpha_i)$ 的评估等级

数值	损失影响程度	具体定义
5	非常高	该风险因素所引发的风险将会造成难以挽救的毁灭性损失
4	高	该风险因素对项目的损失影响较大,维护困难,所需消耗较高
3	中等	该风险因素对项目造成的经济损失与影响一般
2	低	该风险因素对项目的损失影响较小,维护简单,所需消耗较少
1	非常低	该风险因素对项目的损失影响可以忽略,几乎不需要维护

1)威胁频率:指在长期运作过程中,某风险因素对于云服务安全的威胁频

率。其值越大，说明该因素存在（或是缺少该因素）的情况下，云服务风险发生的可能性越大；反之，说明该因素存在（或是缺少该因素）的情况下，云服务风险发生的可能性越小。

2）损失影响程度：指该风险因素所引发风险对项目的损失影响程度。其值越大，说明该风险因素对于项目收益或是损失的影响程度越大；反之，说明该风险因素对于项目收益或是损失的影响程度越小。

根据以上表格的划分，本书分别将威胁频率 $P(\alpha_i)$ 和损失影响程度 $C(\alpha_i)$ 划分为 5 个等级（1，2，3，4，5）。相应的专家则通过表中的具体定义对这些风险因素进行评估，最终根据所有专家的评估分布情况 P_{ixj} 和 C_{ixj}，求取其均值作为各风险因素 $P(\alpha_j)$ 和 $C(\alpha_j)$ 的权重值。如下所示：

$$
P_{ixj} = \begin{bmatrix} P_{11} & P_{12} & \cdots & P_{15} \\ P_{21} & P_{22} & \cdots & P_{25} \\ \vdots & \vdots & & \vdots \\ P_{n1} & P_{n2} & \cdots & P_{n5} \end{bmatrix} \quad C_{ixj} = \begin{bmatrix} C_{11} & C_{12} & \cdots & C_{15} \\ C_{21} & C_{22} & \cdots & C_{25} \\ \vdots & \vdots & & \vdots \\ C_{n1} & C_{n2} & \cdots & C_{n5} \end{bmatrix}
$$

矩阵中 P_{ij} 和 C_{ij} 分别表示 $P(\alpha_i)$ 和 $C(\alpha_i)$ 的专家评估分布情况，$i=1$，2，$\cdots$，n 表示各风险因素，$j=1$，2，3，4，5 则表示评估的等级，每行数值相加等于专家总数 15，则通过如下公式进行计算便能得到各风险因素 $P(\alpha_j)$ 和 $C(\alpha_j)$ 的权重值：

$$
\begin{bmatrix} P(\alpha_1) \\ P(\alpha_2) \\ \vdots \\ P(\alpha_n) \end{bmatrix} = \begin{bmatrix} P_{11} & P_{12} & \cdots & P_{15} \\ P_{21} & P_{22} & \cdots & P_{25} \\ \vdots & \vdots & & \vdots \\ P_{n1} & P_{n2} & \cdots & P_{n5} \end{bmatrix} \begin{bmatrix} 1/15 \\ 2/15 \\ \vdots \\ 5/15 \end{bmatrix}
$$

$$
\begin{bmatrix} C(\alpha_1) \\ C(\alpha_2) \\ \vdots \\ C(\alpha_n) \end{bmatrix} = \begin{bmatrix} C_{11} & C_{12} & \cdots & C_{15} \\ C_{21} & C_{22} & \cdots & C_{25} \\ \vdots & \vdots & & \vdots \\ C_{n1} & C_{n2} & \cdots & C_{n5} \end{bmatrix} \begin{bmatrix} 1/15 \\ 2/15 \\ \vdots \\ 5/15 \end{bmatrix}
$$

(5-4)

式中，$P_{ij} = [P_{i1}，P_{i2}，P_{i3}，P_{i4}，P_{i5}]$ 表示专家对第 i 项风险因素威胁频率的评估分布情况；$C_{ij} = [C_{i1}，C_{i2}，C_{i3}，C_{i4}，C_{i5}]$ 表示专家对第 i 项风险因素损失影响程度的评估分布情况；$P(\alpha_i)$ 和 $C(\alpha_i)$ 则分别表示对第 3 层各风险因素的"发生频率"和"损失影响程度"权重，值域为 $[1，5]$。

第 2 步　按照风险属性层次的划分，对不同维度的风险类进行度量。

在得到底层各风险因素威胁频率 $P(\alpha_j)$ 和损失影响程度 $C(\alpha_j)$ 的评估权重后，本书将对风险属性模型中的第2层各风险类进行分析。已知，本书将云服务风险分别划分为隐私风险、技术风险、商业及运营管理风险三个维度，并在这三个维度下分别提出了若干的风险因素。

为了能够降低评估过程中人为主观的偏差影响，在对这些风险类进行度量时，本书将结合信息熵的计算方法进行度量。根据信息熵原理，首先需要按照风险类的划分将各风险因素进行归一化处理，得到各风险因素相对于第 β_i 类风险的熵权系数 $P(\beta_i, \alpha_j)$。

如式（5-5）所示，将第 β_i 类风险下的 m 个风险因素进行归一化处理：

$$P(\beta_i, \alpha_j) = \frac{1}{\sum\limits_{j=1}^{m} P(\alpha_j)} P(\alpha_j) \tag{5-5}$$

式中，$P(\beta_i, \alpha_j)$ 则为各风险因素的类熵权系数，表示第 β_i 类风险下第 α_j 项风险因素所占的熵权系数。如式（5-5）所示，即使是同一个风险因素，在不同的风险类下也将具有不同的熵权系数。

第3步　计算各类风险的损失影响程度 $C(\beta_i)$ 和不确定性程度 $H(\beta_i)$。

对于各风险类损失影响程度 $C(\beta_i)$ 的计算，本书在式（5-2）中已经进行了说明。

而对于各风险类的不确定性程度计算，则可以根据信息熵原理，将第2步计算所得到的 $P(\beta_i, \alpha_j)$ 代入信息熵公式中，如下所示：

$$H(\beta_i) = -\frac{1}{\log_2 m} \sum_{j=1}^{m} P(\beta_i, \alpha_j) \log_2 P(\beta_i, \alpha_j) \tag{5-6}$$

式中，$H(\beta_i)$ 为云服务环境下第 β_i 类风险的不确定性程度，其值越大则表示该类风险所包含的不确定性程度越大，说明对于此类风险的维护与控制将更为困难；反之，说明其不确定性越低，风险的管理与维护更容易。

第4步　结合马尔可夫链原理，计算稳定状态下各类风险发生的稳态概率 $P(\beta_i)$。

根据本书所划分的三个维度，在计算各类风险发生的稳态概率时，首先需要建立各类风险之间的转移矩阵，如下所示：

$$\begin{bmatrix} \beta_{11} & \beta_{12} & \beta_{13} \\ \beta_{21} & \beta_{22} & \beta_{23} \\ \beta_{31} & \beta_{32} & \beta_{33} \end{bmatrix}$$

式中，对角线上元素β_{11}、β_{22}、β_{33}分别表示隐私风险、技术风险、运营及管理风险单独发生的频率，即只会引发该类风险的风险因素的威胁频率之和；非对角线上元素则表示两两风险同时发生的频率，即可能会引发两类风险同时发生的风险因素的威胁频率之和；

接下来，将三类风险发生的稳态概率设置为$P(\beta_i)$，$i=1$，2，3，并将其代入式（5-4）中，便能够通过求解方程组得到各类风险发生的稳态概率。

第5步　对目标层进行度量，即对整个云服务风险环境的不确定性程度$H(A)$和损失影响程度$C(A)$进行度量。

从不同维度对云服务安全风险进行分析后，为了能够参照的对比，本书将针对整个云服务风险环境的不确定性程度$H(A)$和损失影响程度$C(A)$进行分析。根据之前所提出的不确定性程度和损失影响程度计算方法，得到整个云服务风险环境的$H(A)$和$C(A)$计算公式分别如下：

$$H(A) = -\frac{1}{\log_2 m}\sum_{j=1}^{m} P(A, \alpha_j) \log_2 P(A, \alpha_j) \qquad (5\text{-}7)$$

式中，$P(A, \alpha_j)$为各风险因素的全局熵权系数，表示第α_j项风险因素相对于整个云服务风险环境所占的熵权系数，它的计算方法如下：

$$P(A, \alpha_j) = \frac{1}{\sum_{j=1}^{n} P(\alpha_j)} P(\alpha_j) \qquad (5\text{-}8)$$

式中，n为整个云服务风险环境所包含的风险因素数量，归一化处理后，$\sum_{j=1}^{n} P(A, \alpha_j) = 1$。

而整个云服务风险环境的损失影响程度为

$$C(A) = \sum_{j=1}^{n} P(A, \alpha_j) C(\alpha_j) \qquad (5\text{-}9)$$

式中，$H(A)$和$C(A)$分别表示整个云服务风险环境的不确定性程度和损失影响程度，其值与之前所描述的$H(\beta_i)$和$C(\beta_i)$具有相同的含义，只是在描述的范围上有所不同。

5.1.4　云服务安全风险的度量模型

综上所述，整个云服务安全风险的度量模型如图5-3所示。

整个云服务安全风险的度量建立在之前所提出的风险属性模型基础上，共包

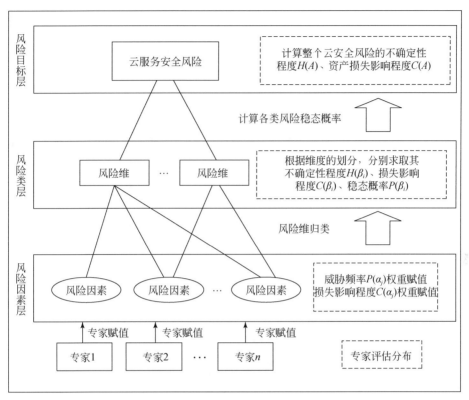

图5-3　云服务安全风险度量模型

含3个层次，分别如下。

风险因素层：由专家进行打分为底层各风险因素α_j的威胁频率$P(\alpha_j)$和损失影响程度$C(\alpha_j)$进行赋值；

风险类层：结合信息熵和马尔可夫链原理，将云服务划分为不同的维度进行分析，并分别计算各风险类的不确定性程度$H(\beta_i)$、损失影响程度$C(\beta_i)$和稳态概率$P(\beta_i)$。

风险目标层：最终确定整个云服务安全的不确定性程度$H(A)$和损失影响程度$C(A)$。

如上所述，其度量过程是一种由下而上的度量方法，从最底层的风险因素开始展开定量的研究，逐层向上最终从不同层次、不同维度上实现对整个云服务安全风险的度量。

5.2 案例研究

5.2.1 案例研究过程

针对所提出的度量模型，本书拟对某公司电子商务平台的云服务环境进行度量研究，其具体过程如下：

第 1 步　根据云服务的安全风险属性模型，从最底层的风险因素开始进行量化研究。在这里，本研究聚集了 15 名熟悉该领域的专家，按照表 5-2 和表 5-3 的权重等级，对第 3 层风险因素的发生频率及损失权重进行评估。所得到的评估结果如表 5-4 所示。

表 5-4　云服务风险因素α_j评估结果

风险因素α_j	发生频率权重评估结果分布P_{ij}					损失权重评估结果分布C_{ij}				
	1	2	3	4	5	1	2	3	4	5
身份认证	0	4	9	2	0	0	1	11	3	0
访问权限控制	0	1	12	2	0	0	1	13	1	0
法规约束	4	11	0	0	0	1	5	6	3	0
调查支持	7	8	0	0	0	4	9	2	0	0
密钥管理	0	3	10	2	0	0	5	7	3	0
数据隔离	0	2	8	5	0	0	4	9	2	0
数据加密	0	2	6	5	2	0	0	7	7	1
数据销毁	1	12	2	0	0	1	4	7	3	0
数据迁移	1	11	3	0	0	0	3	12	0	0
数据备份与恢复	3	12	0	0	0	1	8	3	3	0
内部人员威胁	0	2	8	4	1	0	1	7	5	2
软件更新及升级隐患	0	0	8	4	3	2	9	4	0	0
网络入侵防范	0	3	11	1	0	3	6	6	0	0
不安全接口和 API	0	1	10	4	0	0	1	9	5	0
服务商生存能力	13	2	0	0	0	0	0	1	11	3
数据存放位置	4	11	0	0	0	4	11	0	0	0
服务商可审查性	5	10	0	0	0	2	2	8	3	0

风险因素 α_j	发生频率权重评估结果分布 P_{ij}					损失权重评估结果分布 C_{ij}				
	1	2	3	4	5	1	2	3	4	5
操作失误	0	0	5	6	4	2	10	3	0	0
硬件设施环境	3	12	0	0	0	0	0	5	8	2
监管机制及配套设施	0	15	0	0	0	2	8	4	1	0
网络带宽影响	0	0	2	8	5	11	3	1	0	0

最终经过计算获得如表 5-5 所示的结果。

表 5-5 各风险因素发生频率权重 $P(\alpha_j)$ 和损失权重 $C(\alpha_j)$

风险因素 α_j	$P(\alpha_j)$	$C(\alpha_j)$
身份认证	2.867	3.133
访问权限控制	3.067	3.000
法规约束	1.733	2.733
调查支持	1.533	1.867
密钥管理	2.933	2.867
数据隔离	3.200	2.867
数据加密	3.467	3.600
数据销毁	2.067	2.800
数据迁移	2.133	2.800
数据备份与恢复	1.800	2.533
内部人员威胁	3.267	3.533
软件更新及升级隐患	3.667	2.133
网络入侵防范	2.867	2.200
不安全接口和 API	3.200	3.267
服务商生存能力	1.133	4.133
数据存放位置	1.733	1.733
服务商可审查性	1.667	2.800
操作失误	3.933	2.067
硬件设施环境	1.800	3.800
监管机制及配套设施	2.000	2.267
网络带宽影响	4.200	1.333

$P(\alpha_j)$ 和 $C(\alpha_j)$ 的值越高,则说明该风险因素 α_j 对项目的威胁频率和损失影响程度越高。

第2步 根据云服务安全风险属性模型的划分,分别从隐私风险、技术风险、商业及运营管理风险三个维度展开分析,将以上风险因素分别归类,并按照式(5-5)进行归一化处理,得到如下所示结果。

(1)隐私风险

隐私风险因素如图 5-4 所示。

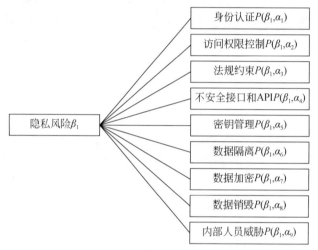

图 5-4 隐私风险因素

如表 5-6 所示,其中共涉及 9 个隐私风险因素,$P(\beta_1, \alpha_j)$ 则表示第 α_j 项风险因素相对于云服务隐私安全 β_1 的熵权系数,$\sum_{j=1}^{9} P(\beta_1, \alpha_j) = 1$。

表 5-6 隐私风险因素熵权系数

隐私风险因素	发生频率权重 $P(\alpha_j)$	类熵权系数 $P(\beta_1, \alpha_j)$
身份认证	2.867	0.111
访问权限控制	3.067	0.119
法规约束	1.733	0.067
不安全接口和 API	3.200	0.124
密钥管理	2.933	0.114

续表

隐私风险因素	发生频率权重 $P(\alpha_j)$	类熵权系数 $P(\beta_1，\alpha_j)$
数据隔离	3.200	0.124
数据加密	3.467	0.134
数据销毁	2.067	0.080
内部人员威胁	3.267	0.127

（2）技术风险

技术风险因素如图 5-5 所示。

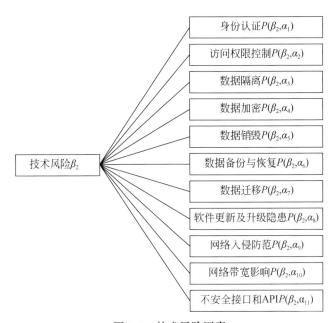

图 5-5　技术风险因素

如表 5-7 所示。其中共涉及 11 个技术风险因素，$P(\beta_2，\alpha_j)$ 则表示第 α_j 项风险因素相对于云服务技术安全 β_2 的熵权系数，$\sum_{j=1}^{11} P(\beta_2，\alpha_j) = 1$。

表 5-7　技术风险因素熵权系数

技术风险因素	发生频率权重 $P(\alpha_j)$	类熵权系数 $P(\beta_2，\alpha_j)$
身份认证	2.867	0.088

技术风险因素	发生频率权重 $P(\alpha_j)$	类熵权系数 $P(\beta_2，\alpha_j)$
访问权限控制	3.067	0.094
数据隔离	3.200	0.098
数据加密	3.467	0.107
数据销毁	2.067	0.064
数据备份与迁移	2.133	0.066
数据备份与恢复	1.800	0.055
软件更新及升级隐患	3.667	0.113
网络入侵防范	2.867	0.088
网络带宽影响	4.200	0.129
不安全接口和 API	3.200	0.098

(3) 商业及运营管理风险

商业及运营管理风险因素如图5-6所示。

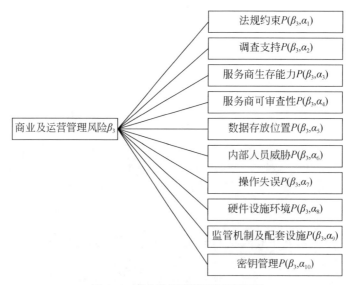

图5-6　商业及运营管理风险因素

如表5-8所示。其中共涉及10个运营风险因素，$P(\beta_3，\alpha_j)$则表示第α_j项风险因素相对于云服务商业及运营安全β_3的熵权系数，$\sum_{j=1}^{10} P(\beta_3，\alpha_j) = 1$。

表5-8　商业及运营管理风险因素熵权系数

商业及运营管理风险因素	发生频率权重 $P(\alpha_j)$	类熵权系数 $P(\beta_3, \alpha_j)$
法规约束	1.733	0.080
调查支持	1.533	0.071
服务商生存能力	1.133	0.052
服务商可审查性	1.733	0.080
数据存放位置	1.667	0.077
内部人员威胁	3.267	0.150
操作失误	3.933	0.180
硬件设施环境	1.800	0.083
监管机制及配套设施	2.000	0.092
密钥管理	2.933	0.135

第3步　根据式（5-2）和式（5-6）依次计算各类风险的损失期望值 $C(\beta_i)$ 和不确定性程度 $H(\beta_i)$。

1）各类风险的损失影响程度 $C(\beta_i)$ 计算过程分别如下所示：

- 隐私风险 $C(\beta_1) = \sum_{j=1}^{9} P(\beta_1, \alpha_j) C(a_j) = 3.130$

- 技术风险 $C(\beta_2) = \sum_{j=1}^{11} P(\beta_2, \alpha_j) C(a_j) = 2.643$

- 商业及运营管理风险 $C(\beta_3) = \sum_{j=1}^{10} P(\beta_3, \alpha_j) C(a_j) = 2.790$

$C(\beta_1)$、$C(\beta_2)$、$C(\beta_3)$ 分别描述了隐私风险、技术风险、商业及运营管理风险三个维度对项目所造成的损失影响。其值越大，说明该类风险对于项目的损失影响越大。

2）各类风险熵 $H(\beta_i)$ 计算过程分别如下所示：

- 隐私风险 $H(\beta_1) = -\dfrac{1}{\log_2 9} \sum_{j=1}^{9} P(\beta_1, \alpha_j) \log_2 P(\beta_1, \alpha_j) = 0.991$

- 技术风险 $H(\beta_2) = -\dfrac{1}{\log_2 11} \sum_{j=1}^{11} P(\beta_2, \alpha_j) \log_2 P(\beta_2, \alpha_j) = 0.988$

- 商业及运营管理风险 $H(\beta_3) = -\dfrac{1}{\log_2 10} \sum_{j=1}^{10} P(\beta_3, \alpha_j) \log_2 P(\beta_3, \alpha_j) = 0.969$

$H(\beta_1)$、$H(\beta_2)$、$H(\beta_3)$ 分别描述了隐私风险、技术风险、商业及运营管理风险的不确定性程度。根据本书对风险熵的定义，$H(\beta_i)$ 越大，说明该风险不确定性程度越大，包含的风险因素复杂，风险维护所需要花费的时间和财力更多。

第 4 步 根据风险属性模型的划分，结合马尔可夫链原理，假设以上三类风险在云服务稳定运作状态下发生的概率分别为 $P(\beta_1)$、$P(\beta_2)$、$P(\beta_3)$，则它们之间的转移矩阵如下所示：

$$\beta_{33} = \begin{bmatrix} \beta_{11} & \beta_{12} & \beta_{13} \\ \beta_{21} & \beta_{22} & \beta_{23} \\ \beta_{31} & \beta_{32} & \beta_{33} \end{bmatrix} = \begin{bmatrix} 0.000 & 0.826 & 0.174 \\ 0.750 & 0.250 & 0.000 \\ 0.365 & 0.000 & 0.635 \end{bmatrix}$$

根据式（5-3）求解方程组，依次得到

$P(\beta_1) = 0.381$，$P(\beta_2) = 0.437$，$P(\beta_3) = 0.182$

它们分别表示在长期稳定状态下隐私风险、技术风险、商业及运营管理风险对云服务安全的威胁频率大小，$\sum_1^3 P(\beta_1) = 1$。其值越大，说明该类风险对于云服务安全的威胁频率越高。

第 5 步 根据式（5-7）~式（5-9）求取整个云服务安全的不确定性程度 $H(A)$ 和损失影响程度 $C(A)$，计算步骤如下所示。

1）首先求取各风险因素 α_j 相对于整个云服务安全的熵权系数 $P(A, \alpha_j)$，如表 5-9 所示。

表 5-9 各风险因素全局熵权系数 $P(A, \alpha_j)$

风险因素 α_j	威胁频率权重 $P(\alpha_j)$	全局熵权系数 $P(A, \alpha_j)$
身份认证	2.867	0.053
访问权限控制	3.067	0.057
法规约束	1.733	0.032
不安全接口和 API	3.200	0.059
密钥管理	2.933	0.054
数据隔离	3.200	0.059
数据加密	3.467	0.064
数据迁移	2.067	0.038
数据销毁	2.133	0.039
内部人员威胁	3.267	0.060
数据备份与恢复	1.800	0.033
软件更新及升级隐患	3.667	0.068
网络入侵防范	2.867	0.053

续表

风险因素 α_j	威胁频率权重 $P(\alpha_j)$	全局熵权系数 $P(A,\alpha_j)$
网络带宽影响	4.200	0.077
调查支持	1.533	0.028
服务商可审查性	1.733	0.032
服务商生存能力	1.133	0.021
数据存放位置	1.667	0.031
操作失误	3.933	0.072
硬件设施环境	1.800	0.033
监管机制及配套设施	2.000	0.037

2）将各风险因素的全局熵权系数 $P(A,\alpha_j)$ 代入式（5-7）中进行计算，得到整个云服务风险环境的不确定性程度：

$$H(A) = -\frac{1}{\log_2 21}\sum_{j=1}^{21} P(A,\alpha_j)\log_2 P(A,\alpha_j) = 0.981$$

3）根据式（5-9）求取整个云服务安全风险的损失影响程度：

$$C(A) = \sum_{j=1}^{21} P(A,\alpha_j)C(\alpha_j) = 2.708$$

5.2.2 研究结果分析

经过以上的步骤，从不同层次、不同维度对云服务安全风险进行了分析，经过梳理得到如表 5-10 和表 5-11 所示结果。

表 5-10 度量结果对比

项目	不确定性程度 $H(A)$	损失影响程度 $C(A)$
整个云服务风险环境	0.981	2.708

表 5-11 不同维度的风险度量结果对比

不同维度风险	不确定性程度 $H(\beta_i)$	损失影响程度 $C(\beta_i)$	威胁频率 $P(\beta_i)$
隐私风险	$H(\beta_1)=0.991$	$C(\beta_1)=3.130$	$P(\beta_1)=0.381$
技术风险	$H(\beta_2)=0.988$	$C(\beta_2)=2.643$	$P(\beta_2)=0.437$
商业及运营管理风险	$H(\beta_3)=0.969$	$C(\beta_3)=2.790$	$P(\beta_3)=0.182$

（1）不确定性程度 $H(\beta_i)$ 的对比

不确定性程度反映了风险的维护与控制难度，不确定性程度越高风险发生的原因越不突出，风险的维护与控制将越困难。如表 5-11 中所示，隐私风险、技术风险、商业及运营管理风险的不确定性程度依次为 $H(\beta_1)=0.991$，$H(\beta_2)=0.988$，$H(\beta_3)=0.969$。通过对比能够发现其中只有商业及运营管理风险的不确定性程度 $H(\beta_3)$ 相对较低，而隐私风险和技术风险的不确定性程度 $H(\beta_1)$ 和 $H(\beta_2)$ 较之整个云服务风险环境的不确定性程度 $H(A)$ 都要高。

说明相对于"隐私风险因素"和"技术风险因素"，"商业及运营管理风险因素"是目前相对比较好控制的，当风险发生时能够较为明确、直接地找到风险发生的原因，从而进行维护。相比较，技术风险因素和隐私风险因素却并不好把握，说明要保证当前云服务的安全，从商业及运营管理的角度进行改善是最为容易和直接的途径。

（2）威胁频率 $P(\beta_i)$ 的对比

$P(\beta_i)$，$i=1$，2，3 反映了不同维度风险对于整个云服务安全的威胁频率。如表 5-11 中所示，$P(\beta_1)=0.381$，$P(\beta_2)=0.437$，$P(\beta_3)=0.182$。其中，以"技术风险"和"隐私风险"较高，"商业及运营管理风险"较低，说明在该云服务长期稳定的服务过程中，"技术风险"是最为常见的风险，这一点与几乎所有的技术产品风险一般，技术因素永远都是威胁整个系统运作服务安全的主要原因。

（3）损失影响程度 $C(\beta_1)$ 的对比

除了威胁频率的对比，本书还对不同维度的风险损失影响程度进行了对比，已知各类风险的损失影响程度分别为 $C(\beta_1)=3.130$，$C(\beta_2)=2.643$，$C(\beta_3)=2.790$。其中，$C(\beta_1)$ 值要远大于其他两项，说明相对于"技术的安全保证"和"运营管理规范"而言，"用户的隐私安全"是最为重要的，一旦用户的隐私受到影响，整个云服务项目的损失将是最大的。

而站在"技术"的角度进行分析，能够发现 $C(\beta_2)$ 值却是最小的，说明虽然引发云服务技术风险的因素较多、出现的频率也最高，但是对于云服务安全的保护而言，支持系统运作的技术支撑却并不是最关键的，同时商业及管理措施的调整也应该重点考虑用户的隐私保护。

综上所述，本书提出了云服务不确定性程度、威胁频率和损失影响程度的度量方法，并结合风险的安全属性模型从隐私风险、技术风险、商业及运营管理风险 3 个维度对云服务安全进行了度量研究，提出了云服务风险的度量模型，并代入了具体的案例中进行了量化分析，可以发现所得的度量结果对于整个云服务安全风险环境起到了很好的解释作用，通过数据对比将能够清晰地了解到不同类别风险对于云服务安全的影响作用。

但是，要全面地对某云服务安全风险进行评估，仅是将云服务分为隐私风险、技术风险和商业及运营管理风险仍是不够的，还需要深入的对各风险因素展开分析，综合考虑运用以上的量化结果，从而实现对整个云服务安全的量化评估。

5.3 模型的优势及合理性

5.3.1 度量模型的优势

本书所提出的云服务安全风险度量模型相对于以往的研究方法，其优势主要体现在以下方面。

1）本书根据云服务风险的特点，借鉴国内外重要机构和相关研究文献所提出的安全问题，将影响云服务安全的风险因素进行梳理，从而建立了风险度量的层次模型。相比以往的研究，本书所提出的风险度量层次模型体现了各风险因素之间的相互关联，客观地描述了风险的层次结构，为风险的度量奠定了基础，实现了对风险不同层次、不同维度的系统描述。根据具体需求，将风险度量模型进行扩展，将能够针对各种类型的云服务系统进行度量。

2）风险作为抽象的概念，要对其进行有效度量，不可避免需要对其进行人为的主观估计。相比以往的研究方法，本书所提出的度量模型采用的是一种由下而上的逐层研究方法，并没有直接将专家打分所得的结果作为风险大小的评判。而是结合信息熵原理从最底层的风险因素展开研究，将专家打分所得的结果代入信息熵公式中，利用熵值的大小去描述风险的不确定性，有效地降低了人为主观因素对结果的影响，所得到的数据将更为客观。

3）在以往的风险研究当中，通常只侧重于云服务某个方面的研究（如隐私安全的研究、技术安全的研究或是法规规范的研究等），而忽略了对于其余风险的考虑。本书在对云服务安全进行研究时，同时引入了对用户隐私保护和运营管理安全的综合考虑，扩展了云服务风险环境研究的范畴，从不同维度、不同方面解释了云服务安全风险环境，所得到的度量研究结果更加详细，将有助于风险评估的进行。

5.3.2 度量模型的合理性

本章所提出风险度量模型立于之前风险安全属性模型的基础上，将风险的度量分为了风险目标层、风险类层和风险因素层三个层次，其中风险目标层是本书研究的核心，即整个云服务安全风险大小的度量；风险类层则是从不同维度对云服务安全风险的大小进行度量。整个模型所得到的度量结果都建立在专家对最底层风险因素的评估赋值基础上。

已知最底层的风险因素是本书通过跟踪前沿云服务风险理论，借鉴国内外相关研究文献，在认真调查分析的情况下梳理而得。在梳理的过程中，本书详细解释了各风险发生的原因及其对项目的损失影响，并通过实际案例或是相关文献进行了说明，保证了所提出的风险因素是真实存在并且对云服务安全是构成威胁的。

而在此基础上，为了能够对云服务风险大小进行度量，本研究聚集了15名熟悉该领域的专家，以打分的形式针对底层各风险因素的发生频率及其损失影响程度进行了评估赋值。并且，在接下来的研究过程中，本研究没有直接将专家的评估结果用于风险的度量，而是采用信息熵的计算方法对其风险的不确定性和损失权重进行分析，有效降低了评估过程中人为主观因素对度量结果的影响。同时，本书结合马尔可夫链的数学方法针对云服务风险发生的随机状态进行了描述和量化分析，使得所得结果更为接近真实的风险发生情况，加大了数据的可靠性。

由上可见，本书提出的风险度量模型其建立过程科学合理，得到了相关理论的支撑，整个度量的过程由下而上、逐层展开，从底层单个的风险因素开始逐渐扩展到对不同维度风险的研究，乃至对整个云服务安全风险的量化研究，其度量过程条理清晰，为云服务安全风险的度量提供了合理的方案。另外，本章最后还将所提出模型代入具体的案例分析当中，说明了该模型风险度量的可行性。综上所述，均说明了本书所提出的风险度量模型是科学合理的。

| 第6章 | 基于信息熵和模糊集的云服务安全风险评估

在第5章，本书针对云服务安全风险的威胁频率、损失影响和不确定性程度进行了详细的定量研究，从不同的侧面描述了云服务安全风险的大小，实现了对云服务安全风险的有效度量，为风险的评估提供了重要的依据。

根据第4章的研究方法，本章将探讨有关云服务安全风险评估的方法。在进行评估的过程中，考虑到最终结果的准确性和客观性，本章将根据专家评估的分布，结合信息熵的方法根据各指标对最终评估结果的影响进行权重赋值，并在此基础上将以上量化数据进行融合，用一个统一的数量级表示风险的等级，从而实现对云安全风险的量化评估。

6.1 云服务安全风险的模糊集

由于在评估的过程中，专家对于云服务安全风险的评估存在一定的主观性和模糊性，并不能直接针对每一个指标给出肯定的结果，同时不同的专家所给出的评估结果也会存在较大差异，给云服务安全风险定量的描述带来了困难。

对此，本书参阅了相关研究文献（付钰等，2010；赵冬梅等，2004；付沙等，2013a；吴晓平和付钰，2011），鉴于风险评估的模糊性和随机不确定性，拟将模糊集和信息熵的理论运用到云服务安全风险的评估中，一方面要求能够有效地降低人为主观因素对评估结果的影响，另一方面则要求结果能够消除评估的模糊性，从定量的级别描述云服务安全风险的等级。

在进行风险的评估前，首先需要构造风险的因素集与评价集，即相关风险因素的集合及其对应的专家评估的集合。在这里，本书将围绕风险的资产损失影响性和威胁频率两方面的因素，针对云服务安全风险构造其因素集。已知云服务风险的损失影响和威胁频率的定义分别如下。

• 损失影响：指风险发生时可能对项目所造成的损失影响程度，包括云基础设施、云端所储存的数据和应用资源等。

● 威胁频率：即在长期运营过程中，某风险发生的频率高低。

虽然通过风险的度量，将能够得到相关风险在以上两个方面的量化结果，然而这些量化结果都只是单一地反映了云服务安全的其中一面，而要全面描述整个云服务安全风险，则需要将这些数据进行权重分配，从而进行数据的融合处理，用一个综合的数据描述云服务安全的风险。其步骤如下。

第 1 步　建立风险的因素集 A。

假设整个云服务环境下共包含 n 个风险因素 a_i，则 $A=\{a_1,\ a_2,\ \cdots,\ a_n\}$ 表示云服务安全风险因素的集合。

第 2 步　针对风险的损失影响和威胁频率分别设立不同的评价集 B：

$$B_c=\{b_{c1},\ b_{c2},\ \cdots,\ b_{cm}\}$$
$$B_f=\{b_{f1},\ b_{f2},\ \cdots,\ b_{fm}\}$$

式中，m 表示各评价集中元素的个数；$\{b_{c1},\ b_{c2},\ \cdots,\ b_{cm}\}$ 和 $\{b_{f1},\ b_{f2},\ \cdots,\ b_{fm}\}$ 则分别表示风险的损失影响和威胁频率的评价集，该评价集给出的是一组模糊的评价指标，只是从程度上描述了云服务风险的大小。如：

$B_c=\{$低，很低，中等，高，很高$\}$，按照风险损失影响程度的高低，将云服务风险的损失影响划分为了 5 个评价等级。

第 3 步　建立风险评估的隶属度矩阵。

根据评价集 B 对因素集 A 中的各风险因素 a_i 进行评价，并给出相应的模糊映射如下：

$f: A\to F(B)$，$F(B)$ 是 B 上的模糊集 $a_i\to f(a_i)=(P_{i1},\ P_{i2},\ \cdots,\ P_{im})\in F(B)$，式中，映射 f 表示各风险因素 a_i 对评价集中各评价指标的支持程度，风险因素 a_i 对评价集 B 的隶属向量为 $P_i=(P_{i1},\ P_{i2},\ \cdots,\ P_{im})$，得隶属度矩阵（付钰等，2010）：

$$P=\begin{bmatrix} P_{11} & P_{12} & \cdots & P_{1m} \\ P_{21} & P_{22} & \cdots & P_{2m} \\ \vdots & \vdots & & \vdots \\ P_{n1} & P_{n2} & \cdots & P_{nm} \end{bmatrix}$$

该矩阵共包含 n 行 m 列，其中：

● n 表示风险因素的个数；
● m 为评价集中所包含的评价级指标的数量；
● 第 i 行第 j 列元素 P_{ij}，则表示第 i 项风险因素相对于第 j 个评价指标的支持程度，即专家组对于第 i 项风险因素的评估分布情况，$\sum_{j=1}^{m} P_{ij} = 1$。

根据风险的隶属度矩阵，则可以得到各风险因素关于云服务风险损失影响和威胁频率的隶属度矩阵分别为 P_c 和 P_f，它们分别从不同的角度反映了专家对云服务安全风险因素的评估情况。

6.2 基于模糊集合熵权的云服务安全风险评估

6.2.1 各风险因素的评估权重

在建立了云服务安全风险的因素集、评价集以及隶属度矩阵后，接下来则需要定义各风险因素的评估权重，并赋予评价集中，其步骤如下。

（1）计算各风险因素的权重向量 Φ

假设其中各风险因素权重向量为 $\Phi = (\Phi_1, \Phi_2, \cdots, \Phi_n)$，其权重值 Φ_i 越高，则说明该项风险因素对于评估结果的影响越大。对此，本书将结合信息熵的方法计算各风险因素的权重值。已知，在评估的过程中，若是专家对于某风险因素的评估差距 P_{ij} 越大，则说明对于该风险的评估越不确定，该评估结果所能够提供的有效信息就越少。因此，可以用信息熵 e_i 的大小来描述该风险的权重，如式（6-1）所示：

$$e_i = -\frac{1}{\ln m} \sum_{j=1}^{m} P_{ij} \ln P_{ij} \qquad (6-1)$$

当专家的评估越分散时，式中 P_{ij}，$j=1, 2, \cdots, m$ 的分布越均匀，则信息熵的值越大，说明该风险因素 a_i 对云服务安全评估的不确定性越大，所能够提供的有效信息越少，权重越低；

反之，当专家的评估越集中时，式中 P_{ij}，$j=1, 2, \cdots, m$ 的差距越大，此时信息熵的值越小，说明该风险因素 a_i 对云服务安全评估的不确定性越低，所能够提供的有效信息越多，权重越高。

进一步用熵权的形式来描述各风险因素的权重，如式（6-2）所示：

$$\Phi_i = \frac{1}{n - \sum_{i=1}^{m} e_i} (1 - e_i) \qquad (6-2)$$

式中，Φ_i 为各风险因素的评估权重，$0 \leq \Phi \leq 1$，$\sum_{i=1}^{m} \Phi_i = 1$，则 Φ_c 和 Φ_f 分别表示各风险因素损失影响和威胁频率的评估权重，其中，m 为参与评估的专家数量。

(2) 赋予评价集中各指标相应的权重

假设评价集 B_c 中各指标的权重分别为 u_i，$i=1$，2，…，m，则评价集 B_c 的指标权重向量为 $U=(u_1, u_2, …, u_m)$，进而可以得到整个云服务风险的损失影响评估结果 R_c，计算公式如下：

$$R_c = \Phi_c \cdot P_u \cdot V^{\mathrm{T}}$$ (6-3)

如式 (6-3) 所示，R_c 值越大，说明该云服务的潜在的风险损失影响越大；其值取决于各风险因素的评估权重 Φ，以及该风险因素的损失影响程度。

同理，假设评价集 B_f 中各指标的权重分别为 v_i，$i=1$，2，…，m，则评价集 B_f 的指标权重向量为 $V=(v_1, v_2, …, v_m)$，经过计算可以得到整个云服务风险的威胁频率评估结果 R_f，如式 (6-4) 所示：

$$R_f = \Phi_f \cdot P_f \cdot V^{\mathrm{T}}$$ (6-4)

如式 (6-4) 所示，R_f 的值取决于各风险因素所占的评估权重，以及该风险因素的威胁频率程度。其值越大，则说明在长期的运营过程中该云服务风险发生的频率越高。

6.2.2 云服务安全风险等级

在风险因素集、评价集以及隶属度矩阵的基础上，本书将结合信息熵公式针对各风险因素的损失影响和威胁频率进行权重赋值，并根据各因素的相关权重将数据进行融合，从而定义整个云服务系统的风险等级。

假设云服务风险的损失影响和威胁频率的重要程度分别为 k_1、k_2，则按照两者的重要性程度将以上评估结果进行融合，则可以计算得到整个系统的安全风险等级，如式 (6-5) 所示：

$$R = g(c, f) = k_1 R_c + k_2 R_f$$ (6-5)

式中，k_1、k_2 为常数，具体数值视实际情况而定，$k_1 + k_2 = 1$；而 R 则为系统的安全风险等级，其值越高则说明该云服务安全风险的等级越高。

接下来，按照云服务风险的严重程度，若将各风险因素的评价集 B_c、B_f 划分为 5 个等级 {低，较低，中等，较高，高}，则根据式 (6-5) 可以判定系统的安全风险隶属等级如表6-1所示。

表6-1 安全风险隶属度等级

R	0~0.2	0.2~0.4	0.4~0.6	0.6~0.8	0.8~1
风险等级	低	较低	中等	较高	高

该表综合考虑了风险的损失影响和威胁频率两方面的因素，将云服务安全风险等级分为了5个数量级，并给出了每个级别的具体值域，为风险的评估提供了重要的参考。

6.3 案例研究

在上述的内容中，本书提出了基于模糊集和熵权理论的云服务安全风险评估研究方法，为了验证其可行性，本书将继续以第5章中某公司的云服务电子商务平台为对象，进行具体的评估分析。为了保障数据计算的效率和精确性，整个定量评估的过程将采用Matlab工具进行编程计算，步骤如下。

第1步 建立风险的因素集。

总结本书第4章所提出的云服务安全风险因素，分别为：{身份认证，访问权限控制，法规约束，调查支持，密钥管理，数据隔离，数据加密，数据销毁，数据迁移，数据备份与恢复，内部人员威胁，软件更新与升级隐患，网络入侵防范，不安全接口和API，服务商生存能力，服务商可审查性，数据存放位置，操作失误，硬件设施环境，监管机制及配套设施，网络带宽影响}，共计21个风险因素，建立其因素集 $A = \{a_1, a_2, \cdots, a_{21}\}$。

第2步 建立风险的评价集，并赋予评价集中各指标权重。

将风险的损失影响和威胁频率均定义为以下5个级别：

$$\{1, 2, 3, 4, 5\} = \{低, 较低, 中等, 较高, 高\}$$

而由于本书在进行评估的过程中共聚集了15名有经验的专家，其中每一个专家都将针对各风险因素进行评估。因此，相对于专家的数量，本书将评价集中每个级别的权重依次设定为 $\{1/15, 2/15, 3/15, 4/15, 5/15\}$，即

$$B_c = \{b_{c1}, b_{c2}, \cdots, b_{c5}\} = \{1/15, 2/15, 3/15, 4/15, 5/15\}$$
$$B_f = \{b_{f1}, b_{f2}, \cdots, b_{f5}\} = \{1/15, 2/15, 3/15, 4/15, 5/15\}$$

第3步 建立风险的隶属度矩阵。

风险的评估权重表示了各风险因素对云服务安全的重要性程度，要评估整个

云服务风险的等级，就必须先计算该云服务环境下所包含风险因素的评估权重。

已知，15 名专家对于风险因素集中各风险因素的评估分布如表 6-2 所示。

表6-2 评估分布结果

风险因素	B_c					B_f				
	1	2	3	4	5	1	2	3	4	5
a_1	0	1	11	3	0	0	4	9	2	0
a_2	0	1	13	1	0	0	1	12	2	0
a_3	1	5	6	3	0	4	11	0	0	0
a_4	4	9	2	0	0	7	8	0	0	0
a_5	0	5	7	3	0	0	3	10	2	0
a_6	0	4	9	2	0	0	2	8	5	0
a_7	0	0	7	7	1	0	2	6	5	2
a_8	1	4	7	3	0	1	12	2	0	0
a_9	0	3	12	0	0	1	11	3	0	0
a_{10}	1	8	3	3	0	3	12	0	0	0
a_{11}	0	1	7	5	2	0	2	8	4	1
a_{12}	2	9	4	0	0	0	0	8	4	3
a_{13}	3	6	6	0	0	0	3	11	1	0
a_{14}	0	1	9	5	0	0	1	10	4	0
a_{15}	0	0	1	11	3	13	2	0	0	0
a_{16}	4	11	0	0	0	4	11	0	0	0
a_{17}	2	2	8	3	0	5	10	0	0	0
a_{18}	2	10	3	0	0	0	0	5	6	4
a_{19}	0	0	5	8	2	3	12	0	0	0
a_{20}	2	8	4	1	0	0	15	0	0	0
a_{21}	11	3	1	0	0	0	0	2	8	5

则根据表 6-2 所示的专家的评估分布结果，计算得到风险的损失影响和威胁频率隶属度矩阵 P_c 和 P_f，如表 6-3 所示：

表6-3　隶属度矩阵

风险因素	P_c					P_f				
	b_{c1}	b_{c2}	b_{c3}	b_{c4}	b_{c5}	b_{f1}	b_{f2}	b_{f3}	b_{f4}	b_{f5}
a_1	0.000	0.067	0.733	0.200	0.000	0.000	0.267	0.600	0.133	0.000
a_2	0.000	0.067	0.867	0.067	0.000	0.000	0.067	0.800	0.133	0.000
a_3	0.067	0.333	0.400	0.200	0.000	0.267	0.733	0.000	0.000	0.000
a_4	0.267	0.600	0.133	0.000	0.000	0.467	0.533	0.000	0.000	0.000
a_5	0.000	0.333	0.467	0.200	0.000	0.000	0.200	0.667	0.133	0.000
a_6	0.000	0.267	0.600	0.133	0.000	0.000	0.133	0.533	0.333	0.000
a_7	0.000	0.000	0.467	0.467	0.067	0.000	0.133	0.400	0.333	0.133
a_8	0.067	0.267	0.467	0.200	0.000	0.000	0.067	0.800	0.133	0.000
a_9	0.000	0.200	0.800	0.000	0.000	0.067	0.733	0.200	0.000	0.000
a_{10}	0.067	0.533	0.200	0.200	0.000	0.200	0.800	0.000	0.000	0.000
a_{11}	0.000	0.067	0.467	0.333	0.133	0.000	0.133	0.533	0.267	0.067
a_{12}	0.133	0.600	0.267	0.000	0.000	0.000	0.533	0.267	0.200	
a_{13}	0.200	0.400	0.400	0.000	0.000	0.000	0.200	0.733	0.067	0.000
a_{14}	0.000	0.067	0.600	0.333	0.000	0.067	0.667	0.267	0.000	0.000
a_{15}	0.000	0.000	0.067	0.733	0.200	0.867	0.133	0.000	0.000	0.000
a_{16}	0.267	0.733	0.000	0.000	0.000	0.267	0.733	0.000	0.000	0.000
a_{17}	0.133	0.133	0.533	0.200	0.000	0.333	0.667	0.000	0.000	0.000
a_{18}	0.133	0.667	0.200	0.000	0.000	0.000	0.000	0.333	0.400	0.267
a_{19}	0.000	0.000	0.333	0.533	0.133	0.200	0.800	0.000	0.000	0.000
a_{20}	0.133	0.533	0.267	0.067	0.000	0.000	1.000	0.000	0.000	0.000
a_{21}	0.733	0.200	0.067	0.000	0.000	0.000	0.000	0.133	0.533	0.333

第4步　计算各风险因素的评估权重。

在得到风险的隶属度矩阵P_c和P_f后，将上述的数据依次代入式（6-1）和式（6-2）便能计算得到各风险因素所组成的向量权重Φ_i：

（1）计算各因素信息熵值

通过式（6-1）可计算每一个风险因素对应的信息熵值，同理，将隶属度矩阵P_c对应的值代入式（6-1）后，即可得到各风险因素损失影响所对应的信息熵值为

$e_c = (e_1,\ e_2,\ \cdots,\ e_{21}) = (0.4535,\ 0.3014,\ 0.7674,\ 0.5764,\ 0.6485,$
$0.5764,\ 0.5541,\ 0.7522,\ 0.3109,\ 0.7205,\ 0.7276,\ 0.5764,\ 0.6555,\ 0.5301,$
$0.4535,\ 0.3603,\ 0.7422,\ 0.5349,\ 0.6028,\ 0.7064,\ 0.4535)$；

同理，将 P_f 中的数据代入式（6-1），可求出各风险因素威胁频率的信息熵值为 $e_f = (e_1,\ e_2,\ \cdots,\ e_{21}) = (0.5764,\ 0.3900,\ 0.3603,\ 0.4293,\ 0.5349,\ 0.6028,$
$0.7891,\ 0.3900,\ 0.4535,\ 0.3109,\ 0.7064,\ 0.6273,\ 0.4535,\ 0.4991,\ 0.2440,$
$0.3603,\ 0.3955,\ 0.6743,\ 0.3109,\ 0.0000,\ 0.6028)$；

（2）评估权重（熵权）Φ_i

根据式（6-2），求得各风险因素损失影响的评估权重 $\Phi_c = (\Phi_1,\ \Phi_2,\ \cdots,$
$\Phi_{21}) = (0.0608,\ 0.0770,\ 0.0259,\ 0.0471,\ 0.0391,\ 0.0471,\ 0.0496,\ 0.0276,$
$0.0766,\ 0.0311,\ 0.0303,\ 0.0471,\ 0.0383,\ 0.0522,\ 0.0608,\ 0.0711,\ 0.0287,$
$0.0517,\ 0.0442,\ 0.0326,\ 0.0608)$；

同理，根据式（6-2）求得各风险因素威胁频率的评估权重 $\Phi_f = (\Phi_1,\ \Phi_2,\ \cdots,$
$\Phi_{21}) = (0.0375,\ 0.0540,\ 0.0567,\ 0.0506,\ 0.0412,\ 0.0352,\ 0.0187,\ 0.0540,$
$0.0484,\ 0.0610,\ 0.0260,\ 0.0330,\ 0.0484,\ 0.0444,\ 0.0670,\ 0.0567,\ 0.0535,$
$0.0289,\ 0.0610,\ 0.0886,\ 0.0352)$；

第 5 步　评估云服务安全的风险等级。

综上所述，按照以上的步骤，本书已经建立了云服务安全的风险因素集、评价集和隶属度矩阵，并计算了各风险因素的评估权重，将这些数据进行综合处理，便能够对整个系统的风险等级进行评估。

而在评估的过程中，本章并没有将各风险因素进行分类，在这里只是围绕各风险因素相对于整个云服务安全的"损失影响"和"威胁频率"进行了评估。

（1）云服务安全风险的损失影响 R_c

其中各风险因素的评估权重为 Φ_i，则根据风险的因素集、评价集以及隶属度矩阵之间的关系，将计算得到整个云服务系统的风险损失影响 R_c（图6-1）：

$$R_c = \begin{bmatrix} \Phi_1 & \Phi_2 & \cdots & \Phi_{21} \end{bmatrix} \times \begin{bmatrix} P_{1,1} & P_{1,2} & \cdots & P_{1,5} \\ P_{2,1} & P_{2,2} & \cdots & P_{2,5} \\ \vdots & \vdots & & \vdots \\ P_{21,1} & P_{21,2} & \cdots & P_{21,5} \end{bmatrix} \times \begin{bmatrix} U_1 \\ U_2 \\ \vdots \\ U_5 \end{bmatrix} = 0.1816$$

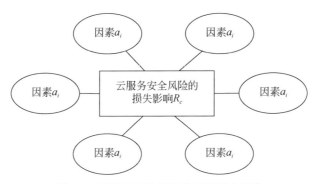

图 6-1　云服务安全风险的损失影响评估

（2）云服务安全风险的威胁频率 R_f

同理，根据各风险因素的评估权重为 Φ_i，将计算得到整个云服务系统的风险威胁频率 R_f（图 6-2）：

$$R_f = \begin{bmatrix} \Phi_1 & \Phi_2 & \cdots & \Phi_{21} \end{bmatrix} \times \begin{bmatrix} P_{11} & P_{12} & \cdots & P_{15} \\ P_{21} & P_{22} & \cdots & P_{25} \\ \vdots & \vdots & & \vdots \\ P_{21,1} & P_{21,2} & \cdots & P_{21,5} \end{bmatrix} \times \begin{bmatrix} V_1 \\ V_2 \\ \vdots \\ V_5 \end{bmatrix} = 0.1580$$

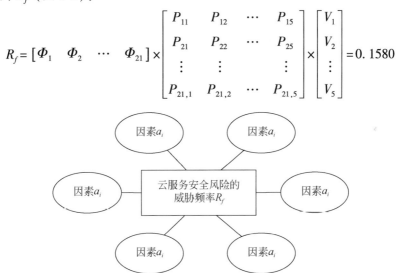

图 6-2　云服务安全风险的威胁频率评估

（3）云服务安全的风险等级

在得到 R_c 和 R_f 的值后，将两者代入式（6-5）中进行计算，便能够得到整个云服务安全的风险值。已知，风险损失影响和风险发生频率的重要性程度分别为 k_1、k_2，两者皆为常数、相加之和为 1，则可以推断出该云服务安全的风险等级必定位于［0.1580，0.1816］之间。对照表6-1所示的云服务安全风险隶属等级，说明该云服务的安全风险等级位于级别1，属于低风险级别。

而观测风险的损失影响和威胁频率，将各风险因素的熵权与平均权重进行比较，其结果分别如图6-3和图6-4所示。

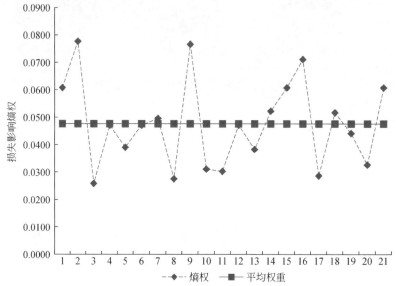

图6-3 损失影响熵权Φ_c与均值对比

1～21分别代表Φ_1，Φ_2，…，Φ_{21}，下同

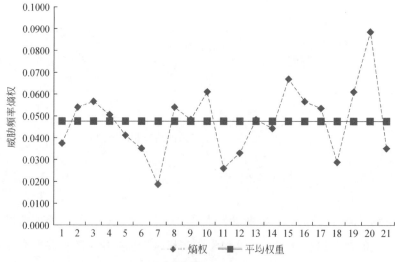

图6-4 威胁频率熵权Φ_f与均值对比

观察图 6-3 中点的分散情况，能够看出专家关于风险因素 $\{a_4, a_5, a_6, a_7, a_{12}, a_{13}, a_{14}, a_{18}, a_{19}\}$ 损失影响的评价意见较为统一，共计 9 个，占全部风险因素的比例为 9/21；相对于那些意见较为分散的点，说明这些风险因素对于最终评估结果的影响较大，为云服务安全风险损失影响的评估提供了较多的信息，其可信度较高。

而观察图 6-4，则能够看出专家对于风险因素 $\{a_1, a_2, a_3, a_4, a_5, a_6, a_8, a_9, a_{10}, a_{13}, a_{14}, a_{16}, a_{17}\}$ 威胁频率的评价意见较为统一，共计 13 个，占全部风险因素的比例为 13/21；可见，相比风险的损失影响评估，其中可信的评估结果更多，说明专家对于该云服务风险威胁频率的评估更为肯定。

根据以上描述，则可以进一步判断该云服务安全的风险等级 R 的判断，更侧重于风险因素威胁频率的评估结果。

6.4 本章小结

综上所述，本书基于模糊的集的概念，根据信息熵的原理及其计算方法，以各风险因素为评价指标，分别围绕风险对云服务资产的损失影响和威胁频率进行了详细的评估，定义了风险等级的数量级，将云服务安全风险的评估上升到了定量的层次，为云服务安全风险的评估提出了有效的方法。该评估方法的所具有的特点如下。

1) 据模糊集理论，建立了风险的因素集、评价集和隶属度矩阵，评估的过程中专家只需要按照评价集针对各风险因素进行评估。

2) 结合熵权理论，根据专家的评估分布对各风险因素进行了权重赋值，有效地降低了人为主观因素对评估结果的影响。

3) 评估结果以数量级的形式描述了整个云服务安全风险的等级。

然而，虽然该评估方法能够针对云服务安全风险进行有效的量化评估，但是在评估的过程中却并也没有将各风险因素进行分类，而是直接围绕各风险因素的损失影响和威胁频率对整个云服务安全风险等级进行了估计，其结果并没有从不同的角度、不同的层次说明整个云服务的安全性，只是给出了关于整个云服务安全风险等级的评估结论。

而在实际的情况中，当用户在考虑选择某云服务时，所关心的并不只是风险的等级那么简单，而是需要综合考虑多方面的因素，如该云服务商的管理控制安全、物理环境安全、网络安全、应用安全、数据安全和商业安全等，只有通过这些详细的数据才能综合判断该云服务是否符合自身的需求。

因此，若要保证评估的结果能够为用户提供详细的参考，还需要从研究对象和研究范围上将以上的评估方法加以改进。

对此，在接下来的研究中，本书将继续运用本章的研究方法，进一步围绕实际过程中服务双方所关心的问题将云服务安全进行分类，并依照云服务的安全属性模型建立详细的风险评估体系，从而实现对云服务安全风险的全面评估。

第7章 基于信息熵和马尔可夫链的云服务安全风险评估

风险的评估建立在风险度量的基础上，它以实现系统安全为目的，通过对云服务所处风险环境的描述和评价，最终为风险的预防和控制提供科学的参考。它是一种定性和定量相结合的综合评价方法，脱离了风险的度量，一切的评估结果都将难以得到支撑，决策方向也将难以把握。

7.1 评估模型

7.1.1 指标体系

对于云服务安全风险的全面评估，本章将立于第5、第6章研究结果的基础上，结合风险的安全属性模型围绕风险的威胁频率、损害程度、维护和管理难度等方面进行综合的评价和分析。

为了能够全面地对云服务风险环境进行评估，本章拟将云服务安全分为数据完全、网络安全、物理环境安全、管理控制安全、软件应用安全和商业安全等多个方面，并结合之前所提出的云服务风险因素展开研究，如图7-1所示：

云服务风险的评估层次图建立在风险安全属性模型的基础上，同样包含目标层、风险类层和风险因素层3个层次，各风险类之间不可避免同样会存在某些风险因素的交叉，如下所示。

（1）数据安全

数据安全是指在云服务运作过程中对数据传输、数据防护、数据存储以及数据备份等一系列数据处理方面的技术和管理安全保护。根据之前所提出的风险因素，本书拟从以下因素综合地对云服务环境下的数据安全进行评估。

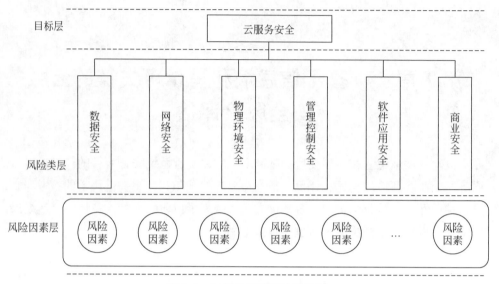

图 7-1 云服务风险评估层次图

- 数据隔离；
- 数据加密；
- 数据销毁；
- 数据备份与恢复；
- 数据存放位置；
- 数据迁移。

（2）网络安全

网络安全是指云服务系统在面对恶劣网络环境时，仍然能够连续、可靠、正常运行的安全保障。根据之前所提出的风险因素，本书拟从以下方面综合地对云服务环境下的网络安全进行评估。

- 网络入侵防范；
- 网络带宽影响；
- 不安全接口和 API；
- 身份认证；
- 访问权限控制。

（3）物理环境安全

物理环境安全是指云服务系统在硬件设备质量、设备运行监控、数据物理位置选择等方面的安全保护。在进行评估的过程中，主要包括以下因素。

- 数据存放位置；
- 硬件设施环境；
- 监管机制及配套设施。

（4）管理控制安全

管理控制安全是指云服务商在相关用户认证、应用权限控制和数据管理方面的安全保护。对于云服务的管理控制安全，本书在评估的过程中拟综合考虑以下因素。

- 身份认证；
- 访问权限控制；
- 密钥管理；
- 内部人员威胁；
- 数据备份与恢复；
- 调查支持。

（5）软件应用安全

软件应用安全是对云服务系统软件在实际运作过程中是否能够正常安全应用的评估。本书将主要从以下方面因素进行综合考虑。

- 不安全接口和 API；
- 软件更新及升级隐患；
- 操作失误。

（6）商业安全

商业安全是对某云服务商在商业环境和法规约束下可靠性的评估。主要包括以下因素。

- 法规约束；
- 服务商可审查性；
- 服务商生存能力；

● 内部人员威胁。

如上所述，本书围绕实际过程中服务双方较为关注的问题，将云服务安全分为了六个主要的方面，并对相关风险因素进行了归类。

7.1.2 云服务安全风险评估过程

针对这六个方面的安全评估，本书将在下面展开详细的量化研究。相对于之前的风险度量是一个由底向上、逐层研究的量化过程，接下来的风险评估则是需要在风险度量的基础上围绕底层具体的风险因素深入细化的进行评价。

（1）度量的过程

首先根据所建立的风险评估体系进行风险的度量，为后续的风险评估提供参考。

第 1 步　按照风险类的划分将各风险因素归类，并根据式（5-5）计算其类熵权系数 $P(\beta_i, \alpha_j)$；

第 2 步　根据式（5-2）和式（5-6）分别求取各风险类的损失权重 $C(\beta_i)$ 和不确定性程度 $H(\beta_i)$，$i=1, 2, \cdots, 6$；

第 3 步　结合马尔可夫链原理，建立如下所示的马尔可夫链转移矩阵，从而计算稳定状态下各类风险发生的稳态概率 $P(\beta_i)$。

$$P(\beta_i) = \begin{bmatrix} \beta_{11} & \beta_{12} & \beta_{13} & \beta_{14} & \beta_{15} & \beta_{16} \\ \beta_{21} & \beta_{22} & \beta_{23} & \beta_{24} & \beta_{25} & \beta_{26} \\ \beta_{31} & \beta_{32} & \beta_{33} & \beta_{34} & \beta_{35} & \beta_{36} \\ \beta_{41} & \beta_{42} & \beta_{43} & \beta_{44} & \beta_{45} & \beta_{46} \\ \beta_{51} & \beta_{52} & \beta_{53} & \beta_{54} & \beta_{55} & \beta_{56} \\ \beta_{61} & \beta_{62} & \beta_{63} & \beta_{64} & \beta_{65} & \beta_{66} \end{bmatrix}$$

式中，β_{ij} 分别表示第 i 类风险出现时第 j 类风险同时可能发生的频率。

如上所示，在进行云服务安全的评估前首先需要进行风险的度量，其度量过程与之前第 5 章的风险度量一样，是一个由低层逐层向上的过程，按照以上的步骤将分别得到 $H(\beta_i)$、$C(\beta_i)$ 和 $P(\beta_i)$，即风险评估系中数据安全 β_1、网络安全 β_2、物理环境安全 β_3、管理控制安全 β_4、软件应用安全 β_5 和商业安全 β_6 的不确定性程度、损失权重和威胁频率。

（2）评估的过程

第1步　数据的预处理。

根据之前的风险的评估结果，将表5-4所示的专家评估分布结果以概率的形式进行表示，如下所示：

$$P'_{ij} = \begin{bmatrix} P'_{11} & P'_{12} & \cdots & P'_{15} \\ P'_{21} & P'_{22} & \cdots & P'_{25} \\ \vdots & \vdots & & \vdots \\ P'_{n1} & P'_{n2} & \cdots & P'_{n5} \end{bmatrix} \quad C'_{ij} = \begin{bmatrix} C'_{11} & C'_{12} & \cdots & C'_{15} \\ C'_{21} & C'_{22} & \cdots & C'_{25} \\ \vdots & \vdots & & \vdots \\ C'_{n1} & C'_{n2} & \cdots & C'_{n5} \end{bmatrix}$$

式中，P'_{ij}表示专家对第 i 项风险因素发生频率在第 $j(j=1,2,3,4,5)$ 等级上的人数分布情况，与之前所不同这里是概率分布形式；

$$\sum_{j=1}^{5} P'_{ij} = 1$$

式中，C'_{ij}则表示专家对第 i 项风险因素损失影响在第 $j(j=1,2,3,4,5)$ 等级上的人数分布情况，与之前所不同这里是概率的分布形式；

$$\sum_{j=1}^{5} C'_{ij} = 1$$

例：以某风险因素α_i为例，其专家人数分布如表7-1所示。

表7-1　某风险因素评估概率分布情况

项目	P_{i1}	P_{i2}	P_{i3}	P_{i4}	P_{i5}	P'_{i1}	P'_{i2}	P'_{i3}	P'_{i4}	P'_{i5}
风险因素α_i	1	12	2	0	0	0.067	0.800	0.133	0.000	0.000

该分布情况以概率的形式描述了专家评估结果的分布情况，为接下来各风险因素不确定性的度量完成了数据的预处理。

第2步　计算最底层各风险因素a_j对风险评估结果的贡献权重 $\omega(a_j)$，即风险因素评估权重。

本书风险的度量建立在最底层各风险因素专家赋值评估的基础上，而专家的风险评估存在一定的主观性。为此，本书拟采用信息熵的计算公式降低在评估过程中人为主观偏差较大的影响，如下所示：

$$H(a_j) = \sqrt{I(P_{ij}) \times I(C_{ij})} = \sqrt{\sum_{j=1}^{5} P'_{ij} \log_5 P'_{ij} \times \sum_{j=1}^{5} C'_{ij} \log_5 C'_{ij}} \quad (7\text{-}1)$$

式中，$I(P_{ij})$ 和 $I(C_{ij})$ 分别表示专家对各风险因素发生频率和损失影响打分的不确定性，如式（7-1）所示将两者相乘并开根便得到该风险因素a_j的打分不确定性。根据信息熵公式，当专家分布P_{ij}和C_{ij}越均匀时，则表示专家对于两者打分的不确定性越高，即表示该风险因素赋值的不确定性越高，其值域为 [0，1]。

根据以上的描述，用式（7-2）便能够描述该风险因素a_j对于评估结果的重要性程度：

$$\omega(a_j) = 1 - H(a_j) \tag{7-2}$$

式中，$\omega(a_j)$ 为该风险因素a_j对风险评估结果的影响权重。其值越大，说明该风险因素的确定性程度越高，则该风险因素所能够提供的有效信息就越多，对评估结果的贡献就越大，所占的权重就越高。

反之，当某风险因素a_j的不确定性程度越高时，该风险将只能够提供很少的有效信息，其值对于风险评估结果的贡献就越小，所占权重就越低。

第3步 计算各类风险β_i对评估结果的贡献权重 $\omega(\beta_i)$，即风险类的评估权重。

在计算各类风险β_i对评估结果的影响权重时，首先需要将各风险因素进行归类，从而进行判断，如式（7-3）所示：

$$\omega(\beta_i) = \frac{1}{Z}\sum_{j=1}^{mi}\omega(a_j)$$

$$Z = \sum_{j=1}^{m_1}\omega(a_j) + \sum_{j=1}^{m_2}\omega(a_j) + \cdots + \sum_{j=1}^{m_6}\omega(a_j) \tag{7-3}$$

式中，m_1，m_2，$\cdots$，m_6分别表示各类风险中所包含的风险因素个数。如上所示，按照式（7-3）进行归一化处理后，便能得到各类风险对于整个云服务安全风险评估结果的影响权重；$\omega(\beta_i)$ 表示第β_i类风险对评估结果的影响权重，其值越高说明该类风险对风险评估所能够提供的有效信息就越多，对风险评估结果的贡献程度越高，所占权重越大，$\sum_{i=1}^{6}\omega(\beta_i) = 1$。

第4步 评估各类风险的隶属等级 $Rl(\beta_i)$。

本书在风险评估的过程中将综合考虑风险的"不确定性程度""损失权重""威胁频率"三方面的因素，从而定义风险的隶属等级。

1）不确定性程度：值域为（0，1），是对云服务环境风险不确定性程度的描述，其值越高，风险发生的原因越难明确，风险的维护管理将越困难；

2）损失权重：值域为 [1，5]，描述了风险发生时对项目可能造成的损失影响程度，其值越高，风险发生时造成的损失影响越大；

3）威胁频率：值域为（0，1），风险的威胁频率越高，在长期的云服务运作过程中该风险出现的可能性越大；

已知当某风险发生的频率越高、风险发生对项目造成的损失影响越大，且风险发生的原因越难确定时，该风险对于整个云服务安全的威胁就越大。为此，本书围绕以上三个方面的因素，定义了风险的隶属等级，如表 7-2 所示：

表 7-2　风险隶属等级表

数值	隶属等级	描述
0.8<Rl<1	非常高	造成风险发生的因素无法确定，存在极大的安全隐患，几乎不可能维护成功，为灾难性风险
0.6<Rl≤0.8	高	造成风险发生的原因较多且难以明确，风险维护困难，存在较大的安全问题，会影响系统的正常运行
0.4<Rl≤0.6	中等	风险发生对系统存在一定影响，需要定期进行维护，属于能够稳定控制的范围内，为一般风险级别
0.2<Rl≤0.4	低	风险的维护目标大致明确，风险维护容易，对云服务安全的影响较小，为常见风险
0<Rl≤0.2	非常低	风险维护目标非常明确，几乎不会影响云服务的运作，属于非常安全的云服务环境

本书根据之前风险的度量结果，定义了风险的 5 个隶属等级，并设定了各等级的隶属范围。为了能够准确地描述各类风险的隶属等级，本书拟采用式（7-4）和式（7-5）进行计算：

$$\mathrm{Rl}(\beta_i) = \sqrt[3]{\frac{1}{5}H(\beta_i)C(\beta_i)P(\beta_i)} \qquad (7\text{-}4)$$

式中，$\mathrm{Rl}(\beta_i)$ 表示第β_i类风险的隶属等级，已知风险的损失权重值域为 [1，5]，与风险的威胁频率和不确定性程度值域所不同。因此，在计算的过程中为了能够将风险的隶属等级设置在（0，1）的范围内，本书将 $C(\beta_i)$ 的值域规范为 [0，1]，并将三者相乘求取其立方根作为风险隶属等级的权重值。

在得到风险的隶属等级权重值后，对应风险的隶属等级表便能够定义该类风险的隶属等级。

第 5 步　评估整个云服务安全的风险等级。

在得到了各类风险的隶属等级权重值 $\mathrm{Rl}(\beta_i)$ 后，按照式（7-5）所示便能够得到整个云服务安全的风险等级 $\mathrm{Rl}(A)$：

$$\mathrm{Rl}(A) = [\mathrm{Rl}(\beta_1), \mathrm{Rl}(\beta_2), \cdots, \mathrm{Rl}(\beta_6)] \begin{bmatrix} \omega(\beta_1) \\ \omega(\beta_2) \\ \vdots \\ \omega(\beta_6) \end{bmatrix} \qquad (7\text{-}5)$$

如式（7-5）所示，当各类风险对最终评估结果的影响权重 $\omega(\beta_i)$ 越高时，并且该类风险的隶属等级越高时，则整个云服务安全的风险等级就越高，其值域为（0，1）。同理，对应表 7-2 所示的风险隶属等级表，便能够描述整个云服务的风险环境。

7.1.3　云服务安全风险评估模型

整个云服务安全风险的评估模型如图 7-2 所示。

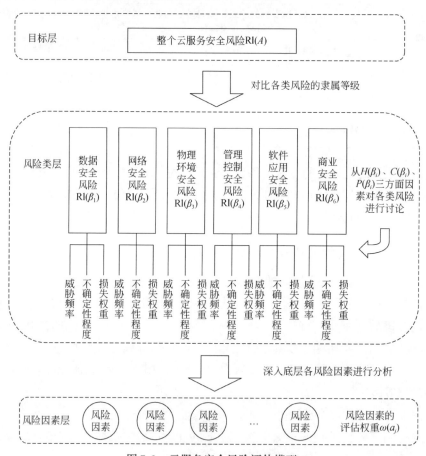

图 7-2　云服务安全风险评估模型

如上所示，云服务安全风险的评估模型与度量模型一样，同样包含三个层次。其评价分析是一个由上而下的过程。

1）首先通过风险隶属等级的比较，对各类风险进行评价分析，从而判断各类风险对于整个云服务安全的影响程度，其中风险隶属等级越高的，对于云服务安全的影响越大。

2）围绕风险的威胁频率 $P(\beta_i)$、不确定性程度 $H(\beta_i)$ 和损失权重 $C(\beta_i)$ 对各类风险进行综合的评价分析。

3）最后，围绕底层的各风险因素说明影响整个云服务安全的关键因素。

4）如上所述，本书所提出的风险评估模型，围绕风险的威胁频率 $P(\beta_i)$、不确定性程度 $H(\beta_i)$ 和损失权重 $C(\beta_i)$ 对各类风险进行了综合的评价，并定义了风险的隶属等级，为风险的评估提供了量化的参考标准。在接下来的研究中，本书将把该评估模型代入具体的案例中进行评价分析。

7.2 案 例 研 究

7.2.1 云服务安全风险的评估

根据本书所提出的风险度量模型，本书针对第 4 章案例分析中某公司电子商务平台的云服务安全展开了分析。

根据风险的评估体系，本书将该公司云服务安全分为了数据安全β_1、网络安全β_2、物理环境安全β_3、管理控制安全β_4、软件应用安全β_5和商业安全β_6六个方面，其度量和评估过程如下。

（1）度量过程

第 1 步 将各风险因素进行分类，并根据式（7-5）计算其类熵权系数 $P(\beta_i, \alpha_j)$，得到的结果如表 7-3 所示。

表 7-3 各风险因素类熵权系数

风险类β_i	风险因素α_j	类熵权系数 $P(\beta_i, \alpha_j)$
数据安全	数据隔离	0.223
	数据加密	0.242
	数据销毁	0.144
	数据备份与恢复	0.126
	数据存放位置	0.116
	数据迁移	0.149

续表

风险类 β_i	风险因素 α_j	类熵权系数 $P(\beta_i, \alpha_j)$
网络安全	网络入侵防范	0.177
	网络带宽影响	0.259
	不安全接口和 API	0.198
	身份认证	0.177
	访问权限控制	0.189
物理环境安全	数据存放位置	0.305
	硬件设施环境	0.329
	监管机制及配套设施	0.366
管理控制安全	身份认证	0.185
	访问权限控制	0.198
	密钥管理	0.191
	内部人员威胁	0.211
	数据备份与恢复	0.116
	调查支持	0.099
软件应用安全	不安全接口和 API	0.296
	软件更新及升级隐患	0.340
	操作失误	0.364
商业安全	法规约束	0.232
	服务商可审查性	0.232
	服务商生存能力	0.152
	内部人员威胁	0.384

第 2 步　根据式（5-2）和式（5-6）分别求取各风险类的 $C(\beta_i)$ 和 $H(\beta_i)$，$i=1,2,\cdots,6$，得到如表 7-4 所示结果。

表 7-4　各风险类的损失权重 $C(\beta_i)$ 和不确定性程度 $H(\beta_i)$

项目	数据保护	网络安全	管理控制安全	软件应用安全	商业安全	物理环境安全
损失权重	2.975	2.503	2.945	2.445	3.021	2.934
不确定性程度	0.978	0.993	0.980	0.997	0.961	0.997

第 3 步　结合马尔可夫链原理，建立各风险类之间的马尔可夫链转移矩阵，如表 7-5 所示。

表7-5 各风险类之间的马尔可夫链转移矩阵

项目	数据保护	网络安全	物理环境安全	管理控制安全	软件应用安全	商业安全
数据安全	0.785	0.000	0.103	0.112	0.000	0.000
网络安全	0.000	0.436	0.000	0.366	0.198	0.000
物理环境安全	0.305	0.000	0.695	0.000	0.000	0.000
管理控制安全	0.129	0.426	0.000	0.211	0.000	0.234
软件应用安全	0.000	0.296	0.000	0.000	0.704	0.000
商业安全	0.000	0.000	0.000	0.415	0.000	0.585

将以上数据代入式（5-3）求解方程组，分别得到各类风险的稳态概率，即在长期运作的云服务过程中各类风险发生的频率，它们分别是：

- 数据安全 $P(\beta_1) = 0.229$；
- 网络安全 $P(\beta_2) = 0.230$；
- 物理环境安全 $P(\beta_3) = 0.078$；
- 管理控制安全 $P(\beta_4) = 0.198$；
- 软件应用安全 $P(\beta_5) = 0.153$；
- 商业安全 $P(\beta_6) = 0.112$。

（2）评估的过程

在完成了风险的度量之后，接下来就是进行风险的评估，如下步骤所示。

第1步 数据的预处理。

将表5-4中专家评估分布结果以概率的形式进行表示，得到如表7-6和表7-7所示的结果。

表7-6 各风险因素发生频率专家评估概率分布

风险因素	P'_{1j}	P'_{2j}	P'_{3j}	P'_{4j}	P'_{5j}
身份认证	0.000	0.267	0.600	0.133	0.000
访问权限控制	0.000	0.067	0.800	0.133	0.000
法规约束	0.267	0.733	0.000	0.000	0.000
调查支持	0.467	0.533	0.000	0.000	0.000
密钥管理	0.000	0.200	0.667	0.133	0.000
数据隔离	0.000	0.133	0.533	0.333	0.000
数据加密	0.000	0.133	0.400	0.333	0.133

风险因素	P'_{1j}	P'_{2j}	P'_{3j}	P'_{4j}	P'_{5j}
数据销毁	0.067	0.800	0.133	0.000	0.000
数据迁移	0.067	0.733	0.200	0.000	0.000
数据备份与恢复	0.200	0.800	0.000	0.000	0.000
内部人员威胁	0.000	0.133	0.533	0.267	0.067
软件更新及升级隐患	0.000	0.000	0.533	0.267	0.200
网络入侵防范	0.000	0.200	0.733	0.067	0.000
不安全接口和 API	0.000	0.067	0.667	0.267	0.000
服务商生存能力	0.867	0.133	0.000	0.000	0.000
服务商可审查性	0.267	0.733	0.000	0.000	0.000
数据存放位置	0.333	0.667	0.000	0.000	0.000
操作失误	0.000	0.000	0.333	0.400	0.267
硬件设施环境	0.200	0.800	0.000	0.000	0.000
监管机制及配套设施	0.000	1.000	0.000	0.000	0.000
网络带宽影响	0.000	0.000	0.133	0.533	0.333

表 7-7　各风险因素损失权重专家评估概率分布

风险因素	C'_{1j}	C'_{2j}	C'_{3j}	C'_{4j}	C'_{5j}
身份认证	0.000	0.067	0.733	0.200	0.000
访问权限控制	0.000	0.067	0.867	0.067	0.000
法规约束	0.067	0.333	0.400	0.200	0.000
调查支持	0.267	0.600	0.133	0.000	0.000
密钥管理	0.000	0.333	0.467	0.200	0.000
数据隔离	0.000	0.267	0.600	0.133	0.000
数据加密	0.000	0.000	0.467	0.467	0.067
数据销毁	0.067	0.267	0.467	0.200	0.000
数据迁移	0.000	0.200	0.800	0.000	0.000
数据备份与恢复	0.067	0.533	0.200	0.200	0.000
内部人员威胁	0.000	0.067	0.467	0.333	0.133
软件更新及升级隐患	0.133	0.600	0.267	0.000	0.000
网络入侵防范	0.200	0.400	0.400	0.000	0.000
不安全接口和 API	0.000	0.067	0.600	0.333	0.000

续表

风险因素	C'_{1j}	C'_{2j}	C'_{3j}	C'_{4j}	C'_{5j}
服务商生存能力	0.000	0.000	0.067	0.733	0.200
服务商可审查性	0.267	0.733	0.000	0.000	0.000
数据存放位置	0.133	0.133	0.533	0.200	0.000
操作失误	0.133	0.667	0.200	0.000	0.000
硬件设施环境	0.000	0.000	0.333	0.533	0.133
监管机制及配套设施	0.133	0.533	0.267	0.067	0.000
网络带宽影响	0.733	0.200	0.067	0.000	0.000

第 2 步 计算各风险因素评估权重。

根据表 7-6 和表 7-7 所示结果依次代入式（7-1）、式（7-2）中进行计算，得到如表 7-8 所示结果。

表 7-8 底层各风险因素评估权重

风险因素	发生频率评估不确定性 $I(P_{ij})$	损失权重评估不确定性 $I(C_{ij})$	综合评估不确定性 $H(a_j)$	评估权重 $\omega(a_j)$
身份认证	0.576	0.453	0.511	0.489
访问权限控制	0.390	0.301	0.343	0.657
法规约束	0.360	0.767	0.526	0.474
调查支持	0.429	0.576	0.497	0.503
密钥管理	0.535	0.649	0.589	0.411
数据隔离	0.603	0.576	0.589	0.411
数据加密	0.789	0.554	0.661	0.339
数据销毁	0.390	0.752	0.542	0.458
数据迁移	0.453	0.311	0.375	0.625
数据备份与恢复	0.311	0.720	0.473	0.527
内部人员威胁	0.706	0.728	0.717	0.283
软件更新及升级隐患	0.627	0.576	0.601	0.399
网络入侵防范	0.453	0.655	0.545	0.455
不安全接口和 API	0.499	0.530	0.514	0.486
服务商生存能力	0.244	0.453	0.333	0.667
可审查性	0.360	0.360	0.360	0.640
数据存放位置	0.395	0.742	0.542	0.458

风险因素	发生频率评估不确定性 $I(P_{ij})$	损失权重评估不确定性 $I(C_{ij})$	综合评估不确定性 $H(a_j)$	评估权重 $\omega(a_j)$
操作失误	0.674	0.535	0.601	0.399
硬件设施环境	0.311	0.603	0.433	0.567
监管机制及配套设施	0.000	0.706	0.000	1.000
网络带宽影响	0.603	0.453	0.523	0.477

第3步 计算各类风险的评估权重。

按照风险类的划分，根据式（7-3）进行计算，其结果如表7-9所示结果。

表 7-9 各类风险的划分及其评估权重

风险类 β_i	风险因素 α_j	$\omega(a_j)$	$\omega(\beta_i)$
数据安全	数据隔离	0.411	0.205
	数据加密	0.339	
	数据销毁	0.458	
	数据备份与恢复	0.527	
	数据存放位置	0.458	
	数据迁移	0.625	
网络安全	网络入侵防范	0.455	0.187
	网络带宽影响	0.477	
	不安全接口和 API	0.486	
	身份认证	0.489	
	访问权限控制	0.657	
物理环境安全	数据存放位置	0.458	0.209
	硬件设施环境	0.567	
	监管机制及配套设施	1.000	
管理控制安全	身份认证	0.489	0.093
	访问权限控制	0.657	
	密钥管理	0.411	
	内部人员威胁	0.283	
	数据备份与恢复	0.527	
	调查支持	0.503	

续表

风险类β_i	风险因素α_j	$\omega(a_j)$	$\omega(\beta_i)$
软件应用安全	不安全接口和 API	0.486	0.153
	软件更新及升级隐患	0.399	
	操作失误	0.399	
商业安全	法规约束	0.474	0.153
	服务商可审查性	0.640	
	服务商生存能力	0.667	
	内部人员威胁	0.313	

第 4 步　评估各类风险的隶属等级 $\mathrm{Rl}(\beta_i)$。

将之前度量所得的威胁频率、损失权重和不确定性程度代入式（7-4）中，其计算结果如表 7-10 所示。

表 7-10　各类风险隶属等级 $\mathrm{Rl}(\boldsymbol{\beta}_i)$

项目	数据安全β_1	网络安全β_2	物理环境安全β_3	管理控制安全β_4	软件应用安全β_5	商业安全β_6
威胁频率	0.229	0.230	0.078	0.198	0.153	0.112
损失权重	0.595	0.501	0.587	0.589	0.489	0.604
不确定性程度	0.978	0.993	0.997	0.980	0.997	0.961
风险隶属等级	0.511	0.486	0.357	0.485	0.421	0.402

第 5 步　评估整个云服务安全的风险等级

将表 6-9 和表 6-10 中 $\omega(\beta_i)$、$\mathrm{Rl}(\beta_i)$ 数据代入式（7-5），其结果如下：

$$\mathrm{Rl}(A) = \left[\mathrm{Rl}(\beta_1), \mathrm{Rl}(\beta_2), \cdots, \mathrm{Rl}(\beta_6)\right] \begin{bmatrix} \omega(\beta_1) \\ \omega(\beta_2) \\ \vdots \\ \omega(\beta_6) \end{bmatrix} = 0.452$$

式中，$\mathrm{Rl}(A)$ 表示该云服务商的风险隶属等级，该值的评估综合考虑了数据安全、网络安全、物理环境安全、管理控制安全、软件应用安全和商业安全六个方面的因素，其值越大则表示该云服务商的安全性越低。

7.2.2 评估结果对比分析

通过以上的量化研究，为风险的评估提供了切实的数据支撑，围绕这些数据本书将针对所建立的风险评估体系，逐步展深入地展开详细的讨论和分析。

（1）整个云服务安全风险隶属等级

首先，是整个云服务安全的风险隶属等级 Rl(A)。对应表 7-2 中的风险隶属等级，可以发现该公司电子商务平台的安全风险隶属等级为 0.452，属于中等风险级别，存在一定的风险隐患，需要定期进行风险维护，说明该云服务商对于整个平台的安全的管理尚属于能够控制的范围内。

（2）各类风险隶属等级对比评估

将整个云服务安全风险隶属等级与各类风险等级进行对比，如下所示：
$$Rl(\beta_1)>Rl(\beta_2)>Rl(\beta_4)>Rl(A)>Rl(\beta_5)>Rl(\beta_6)>Rl(\beta_3)$$
可见，Rl(β_1)、Rl(β_2)、Rl(β_4) 风险隶属等级高于整个系统的风险隶属等级，说明数据安全、网络安全和管理控制安全是该云服务商安全中的薄弱环节，其中又以数据安全 Rl(β_1) 的隶属等级最高，说明影响云服务安全的主要问题还是在于对数据方面的保护上，数据安全的问题始终是制约当前云服务发展和推广的核心问题所在，唯有加强数据安全的管理才能有效地保障用户的隐私，在面临风险威胁时能够保证系统正常的运作，从而降低整个云服务安全的风险威胁。但是对应表 7-2 中所列的风险隶属等级，却能够发现这些风险仍然处于能够管理控制的范围内，属于一般的风险级别。

相反，通过对比能够看出物理环境安全、软件应用安全和商业安全的隶属等级较低，说明该云服务商在物理环境安全、软件应用安全和商业安全方面的保障相对较高。其中又以物理环境安全的风险隶属等级最低，属于较低的风险级别。

（3）各类风险详细的对比评估

从图 7-3 的对比能够看出，威胁频率从高到低依次是：网络安全 $P(\beta_2)$>数据安全 $P(\beta_1)$>管理控制安全 $P(\beta_4)$>软件应用安全 $P(\beta_5)$>商业安全 $P(\beta_6)$>物理环境安全 $P(\beta_3)$，以上对比说明了各类风险对云服务安全的威胁频率。其中以网络安全出现风险的频率最高，说明来自网络的威胁在该云服务商长期运作的过程中是最为常见的；其次是数据安全和管理控制安全，说明在长期运作的过程中该云服务商在相关数据的加密、传输、存储，以及相关权限的管理和控制上也经常会出现疏漏，从而产生风险问题。

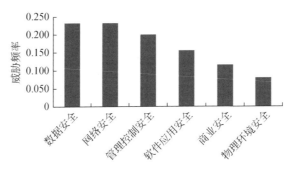

图 7-3 各类风险威胁频率对比图

从图 7-4 的对比能够看出，损失权重从高到低依次是：商业安全 $C(\beta_6)$ >数据安全 $C(\beta_1)$ >管理控制安全 $C(\beta_4)$ >物理环境安全 $C(\beta_3)$ >网络安全 $C(\beta_2)$ >软件应用安全 $C(\beta_5)$ ，以上对比说明了各类风险发生时对该云服务商所造成的损失影响程度高低。其中，只有网络安全和软件应用安全的损失权重较低，说明当网络的影响和软件系统本身并不会给项目造成过大的损失。对于该云服务商损失的影响主要存在于数据安全的保护、物理环境安全的保障、商业的运作以及权限的管理和控制上。

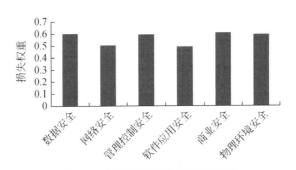

图 7-4 各类风险损失权重对比图

从图 7-5 的对比能够看出，不确定性程度从高到低依次是：物理环境安全 $H(\beta_3)$ >软件应用安全 $H(\beta_5)$ >网络安全 $H(\beta_2)$ >管理控制安全 $H(\beta_4)$ >数据安全 $H(\beta_1)$ >商业安全 $H(\beta_6)$ ，以上对比说明了各类风险发生的管理控制难度，其中不确定性程度越高的类风险发生的原因越难确定，其中尤以商业安全的不确定性程度越低，与实际情况相符，说明当出现商业风险时能够较为明确地知道其发生原因。同样，数据安全和管理控制安全风险发生时，也能够较为明确地知道风险发生的原因，相对于其余风险在控制和把握上较为容易。

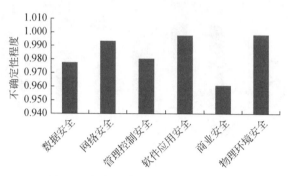

图 7-5　各类风险不确定性程度对比图

而相比之下软件应用安全、网络安全、物理环境安全等却是该云服务商难以把控的，风险发生的随机性较强。

（4）基于底层风险因素的对比评估

1）云服务安全威胁频率。

已知，对于该云服务商风险威胁频率较高的依次是网络安全风险、数据安全风险和管理控制安全风险，要分析对这三者影响最大的风险因素，则可以根据各风险因素威胁频率值 $P(\alpha_j)$ 进行对比，如表 7-11 所示。

表 7-11　风险因素威胁频率对比

数据安全因素	$P(\alpha_j)$	网络安全因素	$P(\alpha_j)$	管理控制安全因素	$P(\alpha_j)$
数据加密	3.467	网络带宽影响	4.200	内部人员威胁	3.267
数据隔离	3.200	不安全接口和 API	3.200	访问权限控制	3.067
数据迁移	2.133	访问权限控制	3.067	密钥管理	2.933
数据销毁	2.067	网络入侵防范	2.867	身份认证	2.867
数据备份与恢复	1.800	身份认证	2.867	数据备份与恢复	1.800
数据存放位置	1.667			调查支持	1.533

通过表 7-11，能够发现对该云服务商安全威胁频率较高，即 $P(\alpha_j) > 3$ 的风

险因素主要包括：

- "数据加密"、"数据隔离"两者对于数据安全的威胁频率较高。
- "网络带宽影响"、"不安全接口和 API"、"访问权限控制"对于网络安全的威胁频率较高。
- "内部人员威胁"、"访问权限控制"对于管理控制安全的威胁频率较高。

说明这些风险因素是影响该云服务安全的主要原因。对于该云服务商，要降低在长期运作过程中风险发生的可能，应围绕这些因素加强对数据、网络和管理控制的安全，进行定期的维护检查。

2）云服务安全损失权重。

已知，该云服务商运作过程中风险损失权重较高的依次是商业安全风险、数据安全风险、管理控制安全风险和物理环境安全风险，要分析对这些安全影响最大的风险因素，则可以根据底层各风险因素的损失权重值 $C(\alpha_j)$ 进行对比，如表 7-12 所示：

表 7-12 风险因素损失权重对比

商业安全因素	$C(\alpha_j)$	网络安全因素	$C(\alpha_j)$	管理控制安全因素	$C(\alpha_j)$	物理环境安全因素	$C(\alpha_j)$
法规约束	2.733	网络入侵防范	2.200	身份认证	3.133	数据存放位置	2.800
服务商可审查性	1.733	网络带宽影响	1.333	访问权限控制	3.000	硬件设施环境	3.800
服务商生存能力	4.133	不安全接口和 API	3.267	密钥管理	2.867	监管机制及配套设施	2.267
内部人员威胁	3.533	身份认证	3.133	内部人员威胁	3.533		
		访问权限控制	3.000	数据备份与恢复	2.533		
				调查支持	1.867		

通过表 7-12，能够发现对该云服务商损失影响较大，即 $C(\alpha_j) > 3$ 的风险因素主要包括如下。

- 商业安全中"服务商生存能力"、"内部人员威胁"两者对于项目潜在的损失影响较大。
- 网络安全中"访问权限控制"、"不安全接口和 API"、"身份认证"等因素对于项目潜在的损失影响较大。
- 管理控制安全中"身份认证"、"内部人员威胁"、"访问权限控制"等因素对于项目潜在的损失影响较大。
- 物理环境安全中"硬件设施环境"对于项目潜在的损失影响较大。

说明这些风险因素所引发的风险将会对该云服务商造成较大的损失影响。对于该云服务商，要降低和控制风险发生时可能造成经济损失影响，则应该重点围绕这些因素加强相关的安全保护。

3）云服务安全不确定性程度。

已知，在该云服务商风险环境下，不确定性程度较高的风险依次物理安全风险、软件应用安全风险和网络安全风险，通过对底层各风险因素不确定性程度 $H(\alpha_j)$ 的判断，将能够解释在当前云服务环境下风险因素的复杂程度，其中不确定性程度越高的风险因素越是难以把控。如表 7-13 所示。

表 7-13　风险因素不确定性程度对比

物理环境安全因素	$H(\alpha_j)$	软件应用安全因素	$H(\alpha_j)$	网络安全因素	$H(\alpha_j)$
数据存放位置	0.542	不安全接口和 API	0.514	网络入侵防范	0.545
硬件设施环境	0.433	软件更新及升级隐患	0.601	网络带宽影响	0.523
监管机制及配套设施	0.000	操作失误	0.601	不安全接口和 API	0.514
				身份认证	0.511
				访问权限控制	0.343

通过表 7-13，能够发现在该云服务商风险环境下不确定性程度较高的风险因素很多，主要集中在软件应用方面，如"软件更新及升级隐患""操作失误"等都存在较大的随机性，难以通过有效的方法进行管控。相比之下"监管控制及配套设施""访问权限控制""硬件设施环境"等都是能够有效进行管理和控制的。通过不确定性程度的对比，服务商要提升整个云服务的安全，则应该着手从当前较为明确并且能够有效管理的方面进行改善，如设备的监控、访问权限控制、硬件设施环境、不安全接口和 API 等。

7.2.3　评估结果分析

综上所述，本书将所提出的云服务安全风险模型代入具体的案例中进行分析，在风险度量的基础上，从整体到部分逐步深入地展开了详细的评估分析，所得评估结果如下。

1）本书所提出的风险评估模型定义了风险的隶属等级，对该云服务商整个的风险环境进行了评估，得到其值为 0.452，按照风险隶属等级表的划分其属于一般风险级别，说明该云服务风险的隶属等级尚处于能够接受的范围内，该风险环境并不会对服务商的云服务过程造成太大的影响，通过定期的维护与检查能够保障其云服务系统较为稳定的运营下去。

2）本书将云服务安全分为了六个方面，并对每个方面的风险等级进行了评估，通过评估结果用户将能够详细了解到该云服务商在数据安全、网络安全、物理环境安全、管理控制安全、软件应用安全和商业安全等不同方面的安全性程度。

3）本书对风险隶属等级的评估综合考虑了风险的威胁频率、不确定性程度和损失权重三方面的因素，通过评估结果的对比，将能够使用户更加详细地了解到该云服务商的安全性能。

4）最终本书风险的评估针对最底层各风险因素，从威胁频率、不确定性程度和损失权重三方面展开了详细的量化分析，为服务商加强云服务安全的保护提供了详细的参考数据。根据不同的需求，云服务商能够参考所给出的评估结果进行相应的管理和维护，从而提升其安全指数。

总的来看，本书所提出的风险评估模型不仅是为用户选择提供了重要的评估结果，通过评估结果的对比用户能够选择合适自己的云服务商。同时，本书所提出的风险评估模型也为服务商本身提供了重要的参考价值，通过风险的评估服务商将能够意识到自身在安全方面的缺失或不足，从而针对具体的风险因素采取相应的安全保护措施。可见，本书所提出的风险评估模型具有重要的价值和意义。

7.3 模型的优势及合理性

7.3.1 模型的优势

本书所提出的云服务安全风险评估模型相对于以往风险评估的优势主要在于以下几点。

1）定量的风险环境描述。本书的研究将风险的评估提升到了定量分析的层面，相比定性的风险评估更能够准确地描述当前云服务系统所处的风险环境。

2）建立了系统的风险评估体系，从不同层次、不同类别和不同影响实现了对云服务安全的风险评估，包括以下方面。

- 不同层次：目标层、风险类层、风险因素层；
- 不同类别：数据安全、网络安全、物理环境安全、管理控制安全、软件应用安全和商业安全等；
- 不同方面：威胁频率、不确定性程度、损失权重；

3）定义了风险的隶属等级，为风险的评估和对比建立了参考的标准，用户能够根据量化评估结果的对比，了解到云服务商所能够提供的服务安全，从而选择合适自己的云服务商。

4）评估结果的应用性强。该风险评估模型不仅能够为用户提供可参考的评估结果，并且能够帮助云服务商找到自身服务安全薄弱的环节，从而进行合理的调整。

7.3.2　模型的合理性

本章所提出的云服务安全风险评估模型主要建立在第 5 章风险度量的基础上，通过第 6 章的论证已知所建立的度量模型是科学合理的。在这里将主要针对该模型评估体系的建立、评估方法的选择以及评估过程的展开进行论证。

本章风险评估体系按照风险安全属性模型的划分，同样将云服务安全分为了目标层、风险类层和风险因素层三个层次，其中因素层是由之前风险因素的梳理研究所得，在第 5 章已经论证其合理性。而风险类层的设定则是结合云服务本身的特点，围绕实际交付过程中用户最为关心的问题划分所得，它们分别是数据安全、网络安全、物理环境安全、管理控制权限安全、软件应用安全和商业安全。各类风险的划分体现了云服务安全多方面的特征，具有代表性，使得整个风险评估体系建立更为全面合理。

而就其评估方法和过程而言，其风险的评估建立在风险属性模型的基础上，由最底层的风险因素展开，逐渐上升到对各风险类以至于对整个云服务安全风险环境的评估，其评价过程循序渐进、中间没有跨度，所得到的评价结果都有据可依，建立在真实可靠的风险因素评估结果基础上。

模型所采用的信息熵方法，有效地降低了各专家在对底层各风险因素进行评估时所产生的主观偏差，并且能够通过熵权的大小反映各因素对最终结果的影响权重（即评估权重），从而根据其权重大小最终决定云服务安全风险的隶属等级。而采用马尔可夫链的方法，则能够有效地反映在实际运作过程中云服务风险的随机发生状态，相比于传统的研究更能够体现真实的云服务风险环境，从而缩小研究结果与真实情况之间的差距。

综上所述，说明本章所提出的云服务安全风险评估模型真实可靠，所采用的方法具有一定的特色，即减少了人为主观因素的影响，又全面地反映了云服务风险的随机状态，对于最终评估结果的判断科学合理。

第 8 章 | 基于信息熵和支持向量机的云服务安全风险评估

在之前章节的研究中，本书根据云服务风险发生的特点及其相互关联，基于信息熵、模糊集和马尔可夫链等方法，提出了相应的云服务安全风险度量与评估模型，为云服务风险的识别、管理和控制提供了有效的研究方法，拓展了信息熵在云服务信息安全方面的研究。然而，目前关于云服务安全风险的研究仍然处于探索的阶段，面对云服务风险如此复杂多样的对象，仅依靠一种度量或评估方法显然是不足够的。只有在现有方法的基础上，不断探索新的应用和研究，采用多学科交叉的综合方法从不同的角度进行分析，才能推进现有云服务安全风险研究的深入，从而丰富和完善现有风险管理和云服务研究理论体系。

在风险的度量与评估研究当中，由于从云服务商处所获取的采样数据较少，并且这些数据均有一定的主观性和不确定性，给云服务安全风险的研究造成了较大的困难。

因此，在面对这些特殊问题时，为了能够正确、全面地识别云服务环境下的安全风险，与之前的研究角度和方法所不同，本章将重点围绕云服务安全目标、安全技术以及云服务不同服务层次上的安全问题展开研究，并结合信息熵和支持向量机方法，探讨在样本数据较少的情况下对云服务安全风险进行有效分类和评估的方法。该研究重点阐述了云服务各项安全技术与相关安全问题之间的关联，以云服务安全技术风险的评估为例，围绕云服务 IaaS（基础设施即服务）、PaaS（平台即服务）、以及 SaaS（软件即服务）三个层次的安全问题，针对云服务安全技术风险提出了新的分类与评估方法。如上所述，本章的研究对于云服务安全的评估和等级划分具有较大的意义，能够为业界提供参考，从而帮助决策者在面对一些特殊的具体问题时能够找到适合的解决技术。

8.1 云服务安全目标及技术

为了能够正确、全面地识别云服务环境下的安全风险，与之前的研究角度和方法所不同，本章将结合信息熵和支持向量机的方法，围绕云服务三个层次的安全目标及技术展开详细的研究。

8.1.1　云服务安全目标

云服务旨在为用户提供安全、可靠、可控的服务，让用户能够享受云服务所带来的便捷。通常判断某云服务的安全性需要从它的 5 个方面进行考虑，即云服务的保密性、完整性、可用性、可控性及不可抵赖性 5 个安全指标（丁滢等，2014），其中各指标的含义分别如下所示。

1）保密性：是用户最为关心的一个安全指标，它要求信息在服务的过程中不允许泄露给未授权的用户，即保证数据或资源在传输、存储或者使用过程中只能被合法授权的用户获取或者使用。

2）完整性：是一种面向信息安全的特性，它要求保证信息在服务过程中的真实性和正确性，即保证数据或资源在传输、存储或者使用的过程中不会出现信息丢失，并且不会受到未授权用户恶意删除、篡改、伪造、乱序以及插入等非法操作的特性。

3）可用性：指合法的、已授权的用户在使用云服务过程中，能够有效、高效且满意地为用户提供服务的能力，也指用户的资源不会损坏，能够保持正常使用的能力。

4）可控性：要求对云服务过程中所产生的信息具有实时有效的控制能力，即能够对云中的资源、用户行为、系统行为实施安全管理与实时监控，防止资源或者云服务遭到恶意者的滥用。

5）不可抵赖性：又称不可否认性。指当某事件发生以后（如交易行为），能够通过 IP 追踪、日志记录、身份认证和数字签名等方法确立某用户在某时刻的行为，使该事件的所有参与者都不能否认曾完成的操作和承诺。

根据以上的云服务安全目标，本书在接下来将探讨与这些安全目标密切相关的安全技术。

8.1.2　云服务安全技术

本书通过跟踪云服务前沿理论、调查分析当前云服务应用和研究现状，在参阅了相关文献（卢宪雨，2012；程玉珍，2013；陈全和邓倩妮，2009；罗军舟等，2011；张显龙，2013；冯登国等，2011）的基础上，综合考虑云服务的设备、数据、管理和控制等安全，经过凝练列举出了如下所示的相关安全技术，并阐述了这些技术期望达到的安全目标。

1）设备保护技术：该技术能够保护云服务中心所涉及的硬件设备（服务器、网线等），保证其正常运转和工作，从而降低因设备故障而造成的服务中断、数据丢失等风险。

2）设备监控技术：该技术能够保证物理设备不会被人为损坏以及及时发现设备出现的故障，从而降低了因内部员工或者其他人员滥用职权而造成设备损坏、服务中断等风险。

3）数据销毁技术：该技术能够将用户删除不彻底以及因退出云服务而残留的数据彻底清除，从而降低数据泄露等风险。

4）数据备份与恢复技术：该技术能够按时备份用户数据，并在需要时及时、快速地恢复用户数据，从而降低因设备故障、自然灾害等原因造成的数据丢失或不可用等风险。

5）数据校验技术：该技术能够及时地发现用户数据不完整的情况，从而降低因数据部分丢失等而造成的数据不完整或不可用的风险。

6）身份认证与访问控制技术：该技术能够保证用户合法访问自己的数据和使用已订服务，无法访问、获取或者使用其他用户的数据和服务，从而降低因非法授权访问等造成的数据泄露、数据篡改等风险。

7）数据加密技术：该技术能够对传输、存储中的数据进行加密，使数据以密文形式存在，保证数据的安全，从而降低因非法拦截和攻击、非法授权访问和窃取等造成的数据泄露、篡改等风险。

8）入侵检测与分布式拒绝服务（distributed denial service，DDos）防范技术：该技术能够及时发现云系统中是否有违反安全策略的行为和被攻击的迹象，同时能够对攻击和入侵行为进行防范，从而降低因 DDos 攻击、非法入侵等行为造成的服务中断、服务不可用以及数据遭窃、泄露等风险。

9）数据切分技术：该技术将用户的数据分成若干部分，分别存储在不同的服务器上，以保证恶意者无法获取用户完整数据，保证数据的安全，从而降低了因窃取、非法访问等造成的数据泄露等风险。

10）虚拟机安全技术：该技术能够保证云服务平台中虚化软件和虚拟主机的安全，防止非法访问、非法攻击漏洞等问题的发生，从而降低了服务中断、数据泄露等风险。

11）病毒防护技术：该技术能够及时地发现、隔离以及查杀云平台中的病毒，从而降低了因病毒感染而造成的服务不可用、数据泄露、数据不可用等风险。

12）接口与 API 保护技术：该技术能够保护脆弱的、不安全的接口和 API，从而降低因不安全的接口和 API 遭到窃听或者攻击而造成数据拦截、窃取、泄露以及服务不可用等风险。

13）数据隔离技术：该技术能够保证云中数据与数据之间的隔离存储，从而降低了数据泄露等风险。

14）分布式处理技术：该技术使得用户在云中修改或者删除自己的数据，能够确保所有的副本都进行了修改，从而降低了数据因修改后造成不一致或者不可用等风险。

15）密文检索与处理技术：该技术能够保证已加密的数据在处理、使用过程中的安全性以及能够被快速检索，从而降低了数据在使用过程中遭窃等造成的数据泄露等风险。

16）资源调度与分配技术：该技术能够解决实时、动态扩展等问题，从而降低了因服务器增减、用户增减等情况造成的服务中断、资源无法及时分配等风险。

17）容错技术：该技术能够解决云服务系统、软件等容错问题，使得在事故后能够恢复到发生事故前的状态，从而降低了数据丢失、数据损坏、数据不可用以及服务中断或不可用的风险。

18）多租户技术：该技术能够保证成千上万用户在使用同一个云平台时数据、应用、资源等安全，从而降低因资源消耗过大、非法访问等造成的服务中断、数据泄露等风险。

19）安全审计技术：安全设计是系统安全建设的重要技术手段，能够对云服务环境下的活动或者行为进行检查和验证，从而降低了因非法访问、非法操作等带来的风险。

如上所述，针对 8.1.1 节所提出的云服务安全目标，详细阐述了与之相关的云服务安全技术，同时介绍了这些技术的具体效用，如使用该项技术能够降低何种安全风险、该项技术能够保障云服务的那些安全性。最后经过归纳整理，得到如表 8-1 所示的结果。

表 8-1　云服务技术及其安全目标

序号	云服务安全技术	安全目标				
		保密性	完整性	可用性	可控性	不可抵赖性
1	设备保护技术			●		
2	设备监控技术			●	●	●
3	数据销毁技术	●				
4	数据备份与恢复技术		●	●		
5	数据校验技术		●			
6	身份认证与访问控制技术	●	●		●	
7	数据加密技术	●	●			
8	入侵检测与 DDos 防范技术	●		●	●	●
9	数据切分技术	●				
10	虚拟机安全技术			●	●	
11	病毒防护技术	●	●	●		
12	接口与 API 保护技术	●	●	●		
13	数据隔离技术	●	●			
14	分布式处理技术			●		
15	密文检索与处理技术	●		●		
16	资源调度与分配技术			●		
17	容错技术		●	●		
18	多租户技术			●	●	
19	安全审计技术				●	●

　　该表反映了云服务相关技术和安全目标之间的关联，如表 8-1 所示，某项技术可能只关系到其中一项安全指标，也有可能关系到多项安全指标。例如，设备保护技术对于云服务的"可用性"较为重要，而"设备监控技术"则关系到整个服务的"可用性"、"可控性"和"不可抵赖性"三个方面。

8.2　云服务各层次安全问题

　　云服务总体可以划分为三个层次，如图 8-1 所示。由低到高分别如下。

　　1）底层的 IaaS 层（基础设施即服务的模式），其含义表示云服务商将计算、存储等资源作为服务提供给用户，用户通过按需支付的方法就能够便捷地获得价

图 8-1　云服务层次

格低廉且完善的资源。

2）中间层的 PaaS（平台即服务的模式），其含义表示云服务商能够向用户提供软件开发平台的服务，即表示当用户需要某开发平台而本身又并不具备相关条件的情况下，无须单独购买和部署软件开发平台，只须向云服务商租赁相关平台，通过 Internet 即可访问和使用。

3）顶层的 SaaS（软件即服务的模式），其含义表示云服务商将各种软件部署在云端，然后以服务的方式提供给用户。用户无须购买相关软件版权，使用服务商所提供的接口就能够使用该软件。

以上所述的三层服务模式，改变了传统服务模式的特点，将计算能力作为一种商品通过网络进行买卖，实现了基础设施、开发平台和软件应用等多形式的服务，体现了云服务的多样性，从不同层次向用户提供了不同的服务。用户在使用的过程中能够根据自身的需求订制服务，并按照按需租用的模式进行付费。当用户与服务商达成协议后，用户不需要了解具体的技术实现，只需要通过一组特定的接口便能获取相应的服务，而不再需要花费设备购买、应用部署和运行维护的开支，极大地节省了用户的投资成本，整个服务可谓"物美价廉"。

虽然云服务具有诸多的特点，并且能为用户带来较大的经济效益。但是，由于目前云服务在技术运营、法律法规等方面的松散，再加上每一层所提供服务的特点和应用需求，就导致了在不同的服务层将会形成不同的安全问题，给用户或者云服务商带来不可估量的损失。鉴于此，在接下来的内容中本书将结合具体的应用需求，全面梳理云服务平台每个服务层次的主要安全隐患。

8.2.1 IaaS 层安全问题

IaaS 层位于云服务平台的最底层，通过虚拟化技术它能够动态调度计算和存储资源。它是整个云服务的基础支撑，也是 PaaS 层和 SaaS 层的基本安全保障，如若 IaaS 层出现了问题，将很有可能导致整个云服务的终止，给企业和用户造成巨大的损失影响，其安全重要性不可谓不高。要保障 IaaS 层的安全需要综合考虑多方面的问题，其中主要包括如下。

1）硬件资源问题。任何一项基于网络的技术服务都不可能脱离了硬件的支撑，云服务的运作同样如此。若要保证云服务的安全性，硬件资源的安全问题尤为重要，一旦某硬件设施出现故障，其所造成的经济损失将是不可预估的。例如，某物理设备（电源、网线、主机等）自身存在质量问题或者因自然灾害（地震、洪水、火灾等）而造成其损坏或者无法正常工作时，都有可能造成服务中断、数据损毁和信息丢失等风险。这些风险都将是难以维护的，某云服务商很有可能因为这一次的风险而失去大量的客户；除此之外，云服务商内部员工的恶意行为或是疏忽都将会带来这一系列的风险隐患。

2）数据安全问题。数据作为信息的载体，其蕴含的价值极为重要，而一项云服务是否安全、可靠，往往就直接地取决于用户的数据安全是否能够得到保障。通常用户的数据安全可以归类为传输安全、存储安全以及处理安全三个方面。

* 在数据传输的过程中，将很有可能会被非法用户恶意截取，从而造成用户隐私数据泄露的风险；

* 在数据存储的过程中，可能会因为越权访问、数据丢失或者用户恶意恢复其他用户已删除的数据而造成用户数据泄露或者导致数据不完整和不可用；

* 而数据在云端处理的过程中，则是以明文的形式进行管理，在此阶段数据是处于未加密的状态，这时将存在较大的数据泄露风险。

3）虚拟化安全问题。云服务能够及时地调度和动态分配用户所需的计算、存储资源，这其中的关键很大都取决于计算机的虚拟化技术，包括计算的虚拟化、存储的虚拟化以及网络的虚拟化等。然而，随着用户需求的增多，云服务涉及的面越来越广，给当前的虚拟技术也带来了巨大的挑战，随之也形成了不少的安全隐患，给不法分子带来可乘之机。诸如代码注入、网络监听、特权偷取和节点攻击等，这些问题都将会造成用户数据泄露或是系统服务终止的风险。

4）接口安全问题。云用户在获取相应的服务时，需要通过终端（手机、电脑、平板等）进行接口访问，而此时若云服务商所提供的接口存在设计安全问题或是协议漏洞，就会存在越权访问、身份认证失败或是无法对接的问题，对于用户的隐私安全和使用体验都将造成不必要的影响。

8.2.2 PaaS 层安全问题

PaaS 层是云服务平台的中间层，它同样存在数据安全和接口安全的隐患，此外由于在 PaaS 层还包含开发环境和执行环境等内容，造成了在 PaaS 层资源分配的安全问题。

1）数据安全问题。数据加密之后，目前无法进行检索以及处理，PaaS 是平台即服务层，用户在该层使用数据时，数据都是未加密的，未加密的数据容易被非法访问者窃取，加大了数据泄露的概率。除此之外，云服务商对用户的数据备份之后，用户在云端对数据修改后，应该确保备份的数据也同时被修改，如果修改不同步，恢复数据后，将造成数据无法使用。

2）接口安全问题。同样的，用户通过云服务商提供的接口和 API 获取平台资源，进而使用资源，若提供的接口、加密措施以及访问控制措施不够安全，不怀好意的用户便会通过不安全的接口进行对内或者对外攻击，利用接口滥用云服务，从而造成用户数据泄露或者遭到非法访问。

3）资源分配安全问题。在 PaaS 层将开发环境和平台能力从终端迁移到了云端，包括了测试和部署等过程。在云用户使用开发平台时，需要及时、动态地调用相应的资源，并进行合理的分配，其任务繁重，如若出现资源分配不当的问题将会造成用户无法使用所订制的服务，导致服务中断。除此之外，应该保证用户不同应用程序、数据之间的隔离，提供给用户的应用程序或者操作系统具备较好的容错性能，否则会带来服务中断或不可用、数据遭窃或者非法访问其他用户数据的问题。

8.2.3 SaaS 层安全问题

SaaS 层位于 PaaS 层之上，其服务的特点也使得该层面临许多的安全问题。

1）数据安全问题：数据安全问题也同样是 SaaS 层所面临的，用户在使用应用程序时，也需要使用未加密的数据，这就存在数据泄露的风险，同时，若应用程序存在安全问题，也同样会因为非法攻击而造成数据泄露的风险。

2）资源分配安全问题：SaaS层主要是为用户提供按需的软件，服务提供商将应用软件统一部署在云端，用户可以根据自身需求通过Internet订购所需的软件服务。云服务商需要面向数以亿计的用户提供持续的服务，同时根据用户的需求分配相应的资源，并保障不同的用户在共同使用某软件时不会受到互信的影响。

8.3 评估模型

由于云服务风险不确定性的特点，在进行定量的风险评估时不可避免会受到各专家主观偏差的影响，并且在进行云安全技术的评估时，所能够获取的完整数据样本也较为有限。因此，鉴于以上两点，在面向云服务安全技术进行风险评估时本书将采用信息熵和支持向量机相结合的方法，一方面是因为信息熵能够有效降低人为主观偏差对评估结果的影响，另一方面则是考虑到支持向量机在处理小样本数据时能够进行有效分类的优势。将两者运用到云服务安全风险的评估当中，是本章研究的重点，相比之前的评估方法，基于支持向量机和信息熵的评估研究将更适合于针对云服务三个服务层次安全技术的风险评估。

8.3.1 云服务安全风险指标体系

要建立基于支持向量机的云服务安全评估模型，首先就需要建立系统的云服务安全技术风险指标体系。在8.1节和8.2节的研究中，本书详细探讨了云服务的安全目标、相关技术以及具体的安全问题，并分别介绍了各项技术与服务安全目标之间的关联（表8-1）。将以上内容进行归纳整理，本书根据相关的安全问题建立得到如图8-2所示的云服务技术风险指标体系。

针对云计算三个服务层次上的技术安全问题，本章将云服务安全技术风险分为了5个主要方面，分别是硬件资源风险、数据安全风险、虚拟化安全风险、接口安全风险和资源分配安全风险。围绕这5个方面的问题，本书根据具体风险的含义和安全目标，又分别罗列出了具体的技术风险因素，进而建立了详细的云服务安全技术风险指标体系，为接下来的风险研究提供了评估的依据。

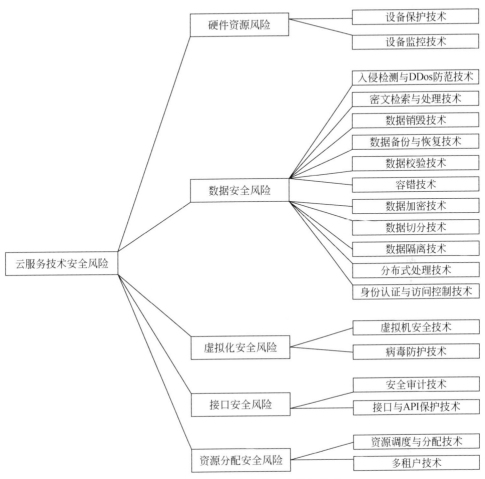

图 8-2　云服务安全技术风险指标体系

　　该风险指标体系同样包含 3 个层次，由目标层、风险问题层（风险类）和技术风险层（风险因素）所构成，同之前章节所介绍的研究方法相同，本章的风险评估同样将从最底层的风险因素展开，通过对风险因素的评估逐层深入，最终对整个云服务安全进行评估。

　　然而，与之前所建立的评估体系所不同，本节所建立的风险评估体系主要是针对与云服务安全目标相关的安全技术进行了分析，从技术的角度提出了云服务风险评估的研究方法。

　　其中，各安全问题和风险因素的表示如表 8-2 所示。

表 8-2　云服务安全技术风险指标

	硬件资源风险 B_1	设备保护技术 B_{1-1}
		设备监控技术 B_{1-2}
	数据安全风险 B_2	入侵检测与 DDos 防范技术 B_{2-1}
		密文检索与处理技术 B_{2-2}
		数据销毁技术 B_{2-3}
		数据备份与恢复技术 B_{2-4}
		数据校验技术 B_{2-5}
云服务技术安全风险		容错技术 B_{2-6}
		数据加密技术 B_{2-7}
		数据切分技术 B_{2-8}
		数据隔离技术 B_{2-9}
		分布式处理技术 B_{2-10}
		身份认证与访问控制技术 B_{2-11}
	虚拟化安全风险 B_3	虚拟机安全技术 B_{3-1}
		病毒防护技术 B_{3-2}
	接口安全风险 B_4	安全审计技术 B_{4-1}
		接口与 API 保护技术 B_{4-2}
	资源分配安全风险 B_5	资源调度与分配技术 B_{5-1}
		多租户技术 B_{5-2}

上表为专家的评估打分提供了参考，在接下来的案例研究中本书将聚集熟悉该领域的专家对各技术指标的重要性程度（即对云服务安全目标的影响程度）进行权重打分，从而针对整个云服务技术安全风险进行定量的评估。

8.3.2　支持向量机的分类算法

在机器学习中，支持向量机是与相关的学习算法有关的监督学习模型，它能够在有限样本数据的基础上，通过机器学习对数据进行有效的分类。而支持向量机（白鹏等，2008）最为核心的内容就是构造一个最优分类超平面，通过最优分类超平面的构造可以将属于两个不同类的数据点正确地分开，并且使得两个分类的间隔（Margin）达到最大，其思想如图 8-3 所示。

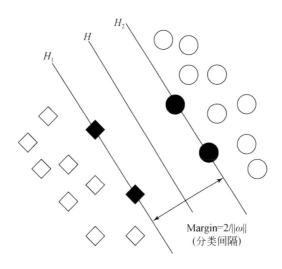

图 8-3　支持向量机 "最优分类超平面" 示意图

（1）二分类线性可分的问题

假设存在一组线性可分的数据样本集合 (x_i, y_i)，$i=1, 2, \cdots, n$，$x_i \in R^d$，$y_i \in \{+1, -1\}$，该线性判别函数的一般形式为 $f(x) = \omega \cdot x + b$，则两类样本之间存在一个分类面如下：

$$\omega \cdot x + b = 0 \tag{8-1}$$

将判别函数进行归一化，使两个不同类的所有样本都满足 $|f(x)| \geqslant 1$，此时离分类面最近的数据样本为 $f(x) = 1$，若要求该分类面 ［式（8-1）］ 对所有样本都能正确分类，即满足：

$$y_i [(\omega \cdot x_i) + b] - 1 \geqslant 0, i=1,2,\cdots,n \tag{8-2}$$

此时两类的间隔为 $\dfrac{2}{\|\omega\|}$，当 $\|\omega\|$ 最小时，间隔达到最大，则满足式（8-2）且使 $\dfrac{1}{2} \|\omega\|^2$ 最小的分类面就是最优分类面。

因此，可以将最优分类面问题描述为如下的约束优化问题，即在式（8-2）的约束下求如下函数的最小值：

$$\phi(\omega) = \frac{1}{2} \|\omega\|^2 \tag{8-3}$$

为此，定义如下的拉格朗日函数：

$$L(\omega,\ b,\ \alpha) = \frac{1}{2}\ \|\ \omega\ \|^{\ 2} - \sum_{i=1}^{n} \alpha_i [\ y_i(\omega \cdot x_i + b) - 1\ ] \tag{8-4}$$

式中，$\alpha_i \geq 0$ 为拉格朗日乘子。为求式（8-4）的最小值，分别对 ω、b、α_i 求偏微分并令它们等于 0，得

$$\begin{cases} \dfrac{\partial L}{\partial \omega} = 0 \longrightarrow \omega = \sum_{i=1}^{n} \alpha_i\ y_i\ x_i \\[2mm] \dfrac{\partial L}{\partial b} = 0 \longrightarrow \sum_{i=1}^{n} \alpha_i\ y_i = 0 \\[2mm] \dfrac{\partial L}{\partial a_i} = 0 \longrightarrow \alpha_i [\ y_i(\omega \cdot x_i + b) - 1\ ] = 0 \end{cases} \tag{8-5}$$

根据式（8-2）和式（8-5）的约束条件，可以将上述最优分类面的求解问题转化为如下的凸二次规划寻优的对偶问题：

$$\begin{cases} \max \sum_{i=1}^{n} \alpha_i - \dfrac{1}{2} \sum_{i=1}^{n} \sum_{j=1}^{n} \alpha_i\ \alpha_j\ y_i\ y_j(x_i \cdot x_j) \\[2mm] \text{s.\,t.} \quad i \geq 0,\ i = 1,\ 2,\ \cdots,\ n \\[2mm] \sum_{i=1}^{n} \alpha_i\ y_i = 0 \end{cases} \tag{8-6}$$

式中，α_i 对应的拉格朗日乘子。这是一个二次函数寻优问题，存在唯一解。若 α_i^* 为最优解，则有

$$\omega^* = \sum_{i=1}^{n} \alpha_i^*\ y_i\ x_i \tag{8-7}$$

式中，α_i^* 不为零的样本，即为支持向量，因此最优分类面的权系数向量是支持向量的线性组合；b^* 为分类阈值，可由约束条件 $\alpha_i [\ y_i(\omega \cdot x_i + b) - 1\ ] = 0$ 求解。

解上述问题后得到的最优分类函数为

$$f(\omega) = \text{sgn}\{ \sum_{i=1}^{n} \alpha_i^*\ y_i(x_i \cdot x) + b^* \} \tag{8-8}$$

（2）二分类线性不可分的问题

而对于线性不可分的问题，则在式（8-3）的基础上引入松弛因子 ξ 和惩罚参数 C，如式（8-9）和式（8-10）所示：

$$\phi(\omega,\ \xi) = \frac{1}{2}\ \|\ \omega\ \|^{\ 2} + C \sum_{i=1}^{n} \xi_i \tag{8-9}$$

式中，$\phi(\omega,\xi)$ 称为非线性映射函数，通过该函数能够将输入空间的数据样本映射到高维特征空间，然后在特征空间中构造最优分类面，在最优分类面中采用适当的核函数 $k(x_i,x_j)$ 且满足 Mercer 条件，就可以将非线性的分类问题转换为线性分类的问题。

同理，按照之前所介绍的线性可分的原理，即可得到分类函数：

$$f(\omega) = \mathrm{sgn}\Big\{ \sum_{i=1}^{n} \alpha_i^* y_i k(x_i \cdot x) + b^* \Big\} \qquad (8\text{-}10)$$

式中，常用的核函数 $k(x_i \cdot x)$ 有以下三类：

1）多项式核函数：$k(x,x_i)=(<x \cdot x_i>+1)^q$，其中，$q$ 用来设置多项式核函数的最高项次数，默认值是 3；

2）径向基核函数：$k(x,x_i)=\exp\Big\{ -\dfrac{\|x-x_i\|^2}{\sigma^2} \Big\}$，其中，$x_i$ 为核函数中心；σ 为函数的宽度参数，用来控制函数的径向作用范围；

3）Sigmoid 核函数：$k(x,x_i)=\tanh(v<x \cdot x_i>+c)$，其中，$v$ 为将数据随机分割的数量；c 为常数项，默认值为 0。

8.3.3 基于信息熵和支持向量机的评估模型

上述所介绍的支持向量机算法主要是针对二分类的问题展开的，属于一般形式。但是在实际的问题往往不只是二分类那么简单，通常需要处理的是多分类的问题。本书所研究的云服务安全技术风险就是一个多分类的问题，要使用支持向量机来处理此类多分类问题，就需要构造合适的多类分类器。

基于上述理论，本书构建了适用于云服务安全的评估模型，如图 8-4 所示。该模型的研究步骤如下。

1）云服务技术安全风险指标体系的建立。首先，该模型根据云服务三个不同层次的特点，围绕云服务的安全目标、相关技术以及具体问题展开了详细的探讨，并在此基础上通过调查分析和文献研究的方法，最终经过梳理建立了用于评估的云服务技术安全风险指标体系，为接下来的风险评估奠定了基础。

2）基于信息熵的专家指标评估。云服务技术风险的评估需要建立在专家评估的基础上，缺少了专家的评估结果就不可能进行定量的评估。然而，专家的评估必然会存在人为主观的偏差。因此，为了能够有效降低人为主观因素对评估结果的影响，本书将结合信息熵的方法进行评估结果的判断，即通过熵权系数法判

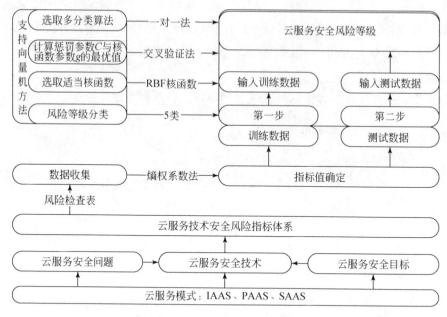

图 8-4　云服务安全风险评估模型

断各专家打分对最终评估结果的贡献程度，从而最终确定各指标的权重值。

3）基于支持向量机的风险分类。风险评估的目的是对风险进行识别，从而判断云服务的安全性，这就要求在进行风险识别前需要对风险的大小等级进行定义和分类。对此，本书将采用支持向量机的方法针对云服务安全风险进行有效的分类，如图 8-4 所示，基于提出的计算方法，本书将云服务安全风险等级的确认主要分为 2 个步骤，为风险的识别提供了参考。

4）云服务安全风险隶属等级的判断。最终，在得到了专家评估结果和各类风险隶属等级后，根据风险隶属等级的划分，将具体案例的风险指标值（即评估结果）代入，进行定量的分析便能够有效地评估整个云服务的安全性。

8.4　案例研究

8.4.1　基于信息熵的专家评估过程

在建立了上述的评估研究模型后，本书拟将该模型代入具体的案例中进行实证分析。

步骤 1 评估打分。

根据图 8-4 的模型研究步骤，在进行评估前，本研究组首先邀请了 12 名熟悉该领域的专家分别针对 12 家不同规模的云服务商进行了调查分析，并根据图 8-2 所示的风险指标体系制定了相应的风险检查表，进而为各个指标进行量化打分，如表 8-3 所示，按照 10 分制本书将云服务安全风险分为了 5 个级别。

表 8-3 云服务安全技术风险检查表

评价指标			量化打分				
			安全风险等级				
			高	较高	中等	较低	低
硬件资源 风险 B_1	B_{1-1}	设备保护技术					
	B_{1-2}	设备监控技术					
数据安全 风险 B_2	B_{2-1}	入侵检测与 DDoS 防范技术					
	B_{2-2}	密文检索与处理技术					
	B_{2-3}	数据销毁技术					
	B_{2-4}	数据备份与恢复技术					
	B_{2-5}	数据校验技术					
	B_{2-6}	容错技术					
	B_{2-7}	数据加密技术					
	B_{2-8}	数据切分技术					
	B_{2-9}	数据隔离技术					
	$B_{2\text{-}10}$	分布式处理技术					
	B_{2-11}	身份认证与访问控制技术					
虚拟化安 全风险 B_3	B_{3-1}	虚拟机安全技术					
	B_{3-2}	病毒防护技术					
接口安全 风险 B_4	B_{4-1}	安全审计技术					
	B_{4-2}	接口与 API 保护技术					
资源分配安 全风险 B_5	B_{5-1}	资源调度与分配技术					
	B_{5-2}	多租户技术					

注：低：0~2 分；较低：2~4 分；中等：4~6 分；较高：6~8 分；高：8~10 分。

这 12 名专家根据风险检查表，分别针对 12 家云服务商进行了打分评估，经过梳理所得结果分别如表 8-4 ~ 表 8-15 所示。

表 8-4　专家 A 对云服务商 A 的指标打分

评价指标	B_{1-1}	B_{1-2}	B_{2-1}	B_{2-2}	B_{2-3}	B_{2-4}	B_{2-5}	B_{2-6}	B_{2-7}	B_{2-8}
得分	7.0	5.0	2.5	4.8	3.0	1.5	5.6	4.0	2.0	3.5
评价指标	B_{2-9}	B_{2-10}	B_{2-11}	B_{3-1}	B_{3-2}	B_{4-1}	B_{4-2}	B_{5-1}	B_{5-2}	
得分	7.0	6.0	3.5	6.0	4.2	5.4	5.0	4.5	3.5	

表 8-5　专家 B 对云服务商 B 的指标打分

评价指标	B_{1-1}	B_{1-2}	B_{2-1}	B_{2-2}	B_{2-3}	B_{2-4}	B_{2-5}	B_{2-6}	B_{2-7}	B_{2-8}
得分	1.5	2.0	3.5	3.0	3.0	2.5	2.3	2.0	2.0	2.0
评价指标	B_{2-9}	B_{2-10}	B_{2-11}	B_{3-1}	B_{3-2}	B_{4-1}	B_{4-2}	B_{5-1}	B_{5-2}	
得分	3.5	3.5	3.0	2.5	3.0	1.5	2.8	3.0	3.0	

表 8-6　专家 C 对云服务商 C 的指标打分

评价指标	B_{1-1}	B_{1-2}	B_{2-1}	B_{2-2}	B_{2-3}	B_{2-4}	B_{2-5}	B_{2-6}	B_{2-7}	B_{2-8}
得分	4.0	3.5	5.5	4.5	3.8	3.0	3.5	5.5	5.0	4.8
评价指标	B_{2-9}	B_{2-10}	B_{2-11}	B_{3-1}	B_{3-2}	B_{4-1}	B_{4-2}	B_{5-1}	B_{5-2}	
得分	4.0	6.0	4.0	4.5	4.0	5.5	4.5	5.0	4.5	

表 8-7　专家 D 对云服务商 D 的指标打分

评价指标	B_{1-1}	B_{1-2}	B_{2-1}	B_{2-2}	B_{2-3}	B_{2-4}	B_{2-5}	B_{2-6}	B_{2-7}	B_{2-8}
得分	9.0	8.0	6.0	8.0	7.0	7.8	6.5	8.0	5.5	6.8
评价指标	B_{2-9}	B_{2-10}	B_{2-11}	B_{3-1}	B_{3-2}	B_{4-1}	B_{4-2}	B_{5-1}	B_{5-2}	
得分	7.0	7.5	8.7	7.0	8.0	8.5	7.0	7.0	8.0	

表 8-8　专家 E 对云服务商 E 的指标打分

评价指标	B_{1-1}	B_{1-2}	B_{2-1}	B_{2-2}	B_{2-3}	B_{2-4}	B_{2-5}	B_{2-6}	B_{2-7}	B_{2-8}
得分	4.0	1.0	3.0	1.0	3.5	3.0	2.0	2.5	2.5	3.0
评价指标	B_{2-9}	B_{2-10}	B_{2-11}	B_{3-1}	B_{3-2}	B_{4-1}	B_{4-2}	B_{5-1}	B_{5-2}	
得分	1.5	3.0	2.5	3.0	2.0	1.0	3.0	2.0	2.5	

表 8-9　专家 F 对云服务商 F 的指标打分

评价指标	B_{1-1}	B_{1-2}	B_{2-1}	B_{2-2}	B_{2-3}	B_{2-4}	B_{2-5}	B_{2-6}	B_{2-7}	B_{2-8}
得分	7.0	8.0	5.5	8.5	6.5	6.5	6.0	6.0	8.0	6.5
评价指标	B_{2-9}	B_{2-10}	B_{2-11}	B_{3-1}	B_{3-2}	B_{4-1}	B_{4-2}	B_{5-1}	B_{5-2}	
得分	7.0	8.0	7.0	8.5	6.0	6.0	5.0	7.0	6.0	

表 8-10　专家 G 对云服务商 G 的指标打分

评价指标	B_{1-1}	B_{1-2}	B_{2-1}	B_{2-2}	B_{2-3}	B_{2-4}	B_{2-5}	B_{2-6}	B_{2-7}	B_{2-8}
得分	0.5	1.0	1.0	1.0	1.0	3.0	1.0	1.3	2.0	1.0
评价指标	B_{2-9}	B_{2-10}	B_{2-11}	B_{3-1}	B_{3-2}	B_{4-1}	B_{4-2}	B_{5-1}	B_{5-2}	
得分	1.0	2.0	1.0	0.5	2.0	2.0	1.0	0.5	1.0	

表 8-11　专家 H 对云服务商 H 的指标打分

评价指标	B_{1-1}	B_{1-2}	B_{2-1}	B_{2-2}	B_{2-3}	B_{2-4}	B_{2-5}	B_{2-6}	B_{2-7}	B_{2-8}
得分	9.0	9.5	9.0	9.0	9.5	9.5	8.5	9.5	9.5	9.0
评价指标	B_{2-9}	B_{2-10}	B_{2-11}	B_{3-1}	B_{3-2}	B_{4-1}	B_{4-2}	B_{5-1}	B_{5-2}	
得分	9.0	9.5	9.0	9.0	9.5	9.5	9.0	9.5	9.0	

表 8-12　专家 I 对云服务商 I 的指标打分

评价指标	B_{1-1}	B_{1-2}	B_{2-1}	B_{2-2}	B_{2-3}	B_{2-4}	B_{2-5}	B_{2-6}	B_{2-7}	B_{2-8}
得分	0.5	0.5	1.0	1.5	0.5	1.5	0.5	1.5	1.0	1.0
评价指标	B_{2-9}	B_{2-10}	B_{2-11}	B_{3-1}	B_{3-2}	B_{4-1}	B_{4-2}	B_{5-1}	B_{5-2}	
得分	1.0	1.0	2.0	1.0	1.0	0.5	1.0	1.0	1.5	

表 8-13　专家 J 对云服务商 J 的指标打分

评价指标	B_{1-1}	B_{1-2}	B_{2-1}	B_{2-2}	B_{2-3}	B_{2-4}	B_{2-5}	B_{2-6}	B_{2-7}	B_{2-8}
得分	9.0	8.5	9.0	9.5	9.0	9.5	9.0	9.0	9.5	9.0
评价指标	B_{2-9}	B_{2-10}	B_{2-11}	B_{3-1}	B_{3-2}	B_{4-1}	B_{4-2}	B_{5-1}	B_{5-2}	
得分	9.0	9.5	9.0	9.0	9.0	9.5	9.0	9.0	9.0	

表8-14 专家 K 对云服务商 K 的指标打分

评价指标	$B_{1\text{-}1}$	$B_{1\text{-}2}$	$B_{2\text{-}1}$	$B_{2\text{-}2}$	$B_{2\text{-}3}$	$B_{2\text{-}4}$	$B_{2\text{-}5}$	$B_{2\text{-}6}$	$B_{2\text{-}7}$	$B_{2\text{-}8}$
得分	3.0	4.0	2.0	4.0	4.5	6.5	5.5	6.0	4.0	7.0
评价指标	$B_{2\text{-}9}$	$B_{2\text{-}10}$	$B_{2\text{-}11}$	$B_{3\text{-}1}$	$B_{3\text{-}2}$	$B_{4\text{-}1}$	$B_{4\text{-}2}$	$B_{5\text{-}1}$	$B_{5\text{-}2}$	
得分	5.5	4.5	4.0	4.0	5.0	2.5	3.5	5.0	4.0	

表8-15 专家 L 对云服务商 L 的指标打分

评价指标	$B_{1\text{-}1}$	$B_{1\text{-}2}$	$B_{2\text{-}1}$	$B_{2\text{-}2}$	$B_{2\text{-}3}$	$B_{2\text{-}4}$	$B_{2\text{-}5}$	$B_{2\text{-}6}$	$B_{2\text{-}7}$	$B_{2\text{-}8}$
得分	2.0	3.0	2.5	4.5	4.0	3.0	5.0	3.5	2.0	2.0
评价指标	$B_{2\text{-}9}$	$B_{2\text{-}10}$	$B_{2\text{-}11}$	$B_{3\text{-}1}$	$B_{3\text{-}2}$	$B_{4\text{-}1}$	$B_{4\text{-}2}$	$B_{5\text{-}1}$	$B_{5\text{-}2}$	
得分	5.0	2.0	3.0	2.0	4.0	1.0	3.0	3.5	2.5	

步骤2 收集原始数据。

为了便于接下来能够结合信息熵公式进行权重判断,本书将以上打分数据进行了汇总整理,得到如表8-16原始数据。

表8-16 专家打分数据汇总(原始数据)

编号 指标	A	B	C	D	E	F	G	H	I	J	K	L
$B_{1\text{-}1}$	7.0	1.5	4.0	9.0	4.0	7.0	0.5	9.0	0.5	9.0	3.0	2.0
$B_{1\text{-}2}$	5.0	2.0	3.5	8.0	1.0	8.0	1.0	9.5	0.5	8.5	4.0	3.0
$B_{2\text{-}1}$	2.5	3.5	5.5	6.0	3.0	5.5	1.0	9.0	1.0	9.0	2.0	2.5
$B_{2\text{-}2}$	4.8	3.0	4.5	8.0	1.0	8.5	1.0	9.0	1.5	9.5	4.0	4.5
$B_{2\text{-}3}$	3.0	3.0	3.8	7.0	3.5	6.5	1.0	9.5	0.5	9.0	4.5	4.0
$B_{2\text{-}4}$	1.5	2.5	3.0	7.8	3.0	6.5	3.0	9.5	1.5	9.5	6.5	3.0
$B_{2\text{-}5}$	5.6	2.3	3.5	6.5	2.0	6.0	1.0	8.5	0.5	9.0	5.5	5.0
$B_{2\text{-}6}$	4.0	2.0	5.5	8.0	2.5	6.0	1.3	9.5	1.5	9.0	6.0	3.5
$B_{2\text{-}7}$	2.0	2.0	5.0	5.5	2.5	8.0	2.0	9.5	1.0	9.5	4.0	2.0
$B_{2\text{-}8}$	3.5	2.0	4.8	6.8	3.0	6.5	1.0	9.0	1.0	9.0	7.0	2.0
$B_{2\text{-}9}$	7.0	3.5	4.0	7.0	1.5	7.0	1.0	9.0	1.0	9.0	5.5	5.0
$B_{2\text{-}10}$	6.0	3.5	6.0	7.5	3.0	8.0	2.0	9.5	1.0	9.5	4.5	2.0
$B_{2\text{-}11}$	3.5	3.0	4.0	8.7	2.5	7.0	1.0	9.0	2.0	9.0	4.0	3.0

续表

编号 指标	A	B	C	D	E	F	G	H	I	J	K	L
B_{3-1}	6.0	2.5	4.5	7.0	3.0	8.5	0.5	9.0	1.0	9.0	4.0	2.0
B_{3-2}	4.2	3.0	4.0	8.0	2.0	6.0	2.0	9.5	1.0	9.0	5.0	4.0
B_{4-1}	5.4	1.5	5.5	8.5	1.0	6.0	2.0	9.5	0.5	9.5	2.5	1.0
B_{4-2}	5.0	2.8	4.5	7.0	3.0	5.0	1.0	9.0	1.0	9.0	3.5	3.0
B_{5-1}	4.5	3.0	5.0	7.0	2.0	7.0	0.5	9.5	1.0	9.0	5.0	3.5
B_{5-2}	3.5	3.0	4.5	8.0	2.5	6.0	1.0	9.0	1.5	9.0	4.0	2.5

步骤 3　计算各指标熵值。

按照之前安全问题的划分 $\{B_1, B_2, B_3, B_4, B_5\}$，将表 8-16 中的数据分别代入信息熵公式中，基于信息熵的计算方法计算各指标的熵值。如式（8-11）和式（8-12）所示。

$$P_{ij} = \frac{B_{ij}}{\sum_{j=1}^{k} B_{ij}} \tag{8-11}$$

$$e_{ij} = -\frac{1}{\ln m} \sum_{j=1}^{k} P_{ij} \ln p_{ij} \tag{8-12}$$

式中，i 为各安全问题；j 为各类安全问题下的各风险指标；k 为该类安全问题所包含的风险指标数量。则根据式（8-11）和式（8-12）将数据代入通过计算得到各指标的熵值，结果如下：

$$e_{1j} = [e_{11}, e_{12}] = [0.8952, 0.8961]$$

$$e_{2j} = [e_{21}, e_{22}, \cdots, e_{2\text{-}11}]$$
$$= [0.9193, 0.9202, 0.9238, 0.9281, 0.9234, 0.9330, 0.9128,$$
$$0.9196, 0.9301, 0.9349, 0.9312]$$

$$e_{3j} = [e_{31}, e_{32}] = [0.9136, 0.9360]$$

$$e_{4j} = [e_{41}, e_{42}] = [0.8809, 0.9314]$$

$$e_{5j} = [e_{51}, e_{52}] = [0.9211, 0.9288]$$

在得到了以上各指标熵值 e_{ij} 的结果后，进一步计算各指标的熵权就能够反映各指标所占的权重系数，即第 j 个指标对安全问题 i 的影响权重。

步骤 4　计算各指标的熵权。

根据信息熵中熵权的计算公式，计算各指标的熵权系数 β_{ij}，如式（8-13）和式（8-14）所示：

$$\varphi_{ij} = \frac{1 - e_{ij}}{m - \sum_{j=1}^{m} e_{ij}} \tag{8-13}$$

$$\beta_{ij} = (\varphi_{i1}, \varphi_{i2}, \cdots, \varphi_{ij}) \tag{8-14}$$

该公式结合信息熵公式有效降低了各专家之间主观偏差对评估结果的影响，其中：

- 专家评估差距越大的，熵权越低，说明该指标的打分的不确定性越高，对于最终评估结果的贡献度越低；
- 反之，若是专家的评估结果越集中，熵权越高，说明该指标的打分的不确定性程度越低，对于最终评估结果的贡献度越高；

将各指标的熵值代入式（8-13）和式（8-14）进行计算，得到各指标的熵权分别如下：

$$\beta_{1j} = [\beta_{11}, \beta_{12}] = [0.5022, 0.4978]$$

$$\beta_{2j} = [\beta_{21}, \beta_{22}, \cdots, \beta_{2-11}]$$
$$= [0.0980, 0.0969, 0.0925, 0.0873, 0.0930, 0.0814, 0.1059,$$
$$0.0976, 0.0849, 0.0790, 0.0835]$$

$$\beta_{3j} = [\beta_{31}, \beta_{32}] = [0.5745, 0.4255]$$

$$\beta_{4j} = [\beta_{41}, \beta_{42}] = [0.6345, 0.3655]$$

$$\beta_{5j} = [\beta_{51}, \beta_{52}] = [0.5256, 0.4744]$$

如上所示，计算得到各风险指标的熵权系数 β_{ij}，$\sum_{j=1}^{k} \beta_{ij} = 1$，$i = 1, 2, \cdots,$ 5，其中 β_{ij} 的值越大，则说明该指标 j 对安全问题 i 的重要性程度越高。

步骤5　计算各类安全问题的评价值。

将计算得到的各指标熵权系数 β_{ij} 与原始数据值 B_{ij} 相乘，就能得到关于各类安全问题的评价值 $R_i = \{R_1, R_2, R_3, R_4, R_5\}$，如下公式所示：

$$R_i = \sum_{j=1}^{k} \beta_{ij} \times B_{ij} \tag{8-15}$$

则按照本书安全问题的划分，将所得的各指标熵权系数 β_{ij} 与原始数据值 B_{ij} 依次代入式（8-15），就能得到分别关于12家云服务商安全问题的评价值，如下所示。

1）12家云服务商关于硬件资源风险的评估结果：

$$R_1 = [6.0044, 1.7489, 3.7511, 8.5022, 2.5066, 7.4978, 0.7489,$$
$$9.2489, 0.5000, 8.7511, 3.4978, 2.4978]$$

2）12 家云服务商关于数据安全风险的评估结果：

$$R_2 = [3.8789, 2.7373, 4.5072, 7.1067, 2.4967, 6.8702, 1.3839,$$
$$9.1765, 1.1235, 9.1846, 4.8304, 3.3028]$$

3）12 家云服务商关于虚拟化安全风险的评估结果：

$$R_3 = [5.2341, 2.7127, 4.2873, 7.4255, 2.5745, 7.4363, 1.1383, 9.2127,$$
$$1.0000, 9.0000, 4.4255, 2.8510]$$

4）12 家云服务商关于接口安全风险的评估结果。

$$R_4 = [5.2538, 1.9751, 5.1345, 7.9517, 1.7310, 5.6345, 1.6345, 9.3172,$$
$$0.6827, 9.3172, 2.8655, 1.7310]$$

5）12 家云服务商关于资源分配安全风险的评估结果。

$$R_5 = [4.0256, 3.0000, 4.7628, 7.4744, 2.2372, 6.5256, 0.7372, 9.2628,$$
$$1.2372, 9.0000, 4.5256, 3.0256]$$

将上述评估结果进行整理，将得到如表 8-17 所示的数据样本集。

表 8-17　数据样本集

云服务商	B_1	B_2	B_3	B_4	B_5
A	6.0044	3.8789	5.2341	5.2538	4.0256
B	1.7489	2.7373	2.7127	1.9751	3.0000
C	3.7511	4.5072	4.2873	5.1345	4.7628
D	8.5022	7.1067	7.4255	7.9517	7.4744
E	2.5066	2.4967	2.5745	1.7310	2.2372
F	7.4978	6.8702	7.4363	5.6345	6.5256
G	0.7489	1.3839	1.1383	1.6345	0.7372
H	9.2489	9.1765	9.2127	9.3172	9.2628
I	0.5000	1.1235	1.0000	0.6827	1.2372
J	8.7511	9.1846	9.0000	9.3172	9.0000
K	3.4978	4.8304	4.4255	2.8655	4.5256
L	2.4978	3.3028	2.8510	1.7310	3.0256

至此，结合信息熵的计算方法，得到了关于 12 家云服务商关于硬件资源风险、数据安全风险、虚拟化安全风险、接口安全风险和资源分配安全风险的评估数据，该数据将作为接下来支持向量机进行分类的参考样本。

8.4.2 支持向量机的模型演算

(1) 数据样本分类与安全等级划分

本书使用台湾大学林智仁教授等开发的 Libsvm 工具箱（http://www.csie.ntu.edu.tw/~cjlin）作为演算工具，将上述表 8-17 中的 12 组数据分为了两个组，其中：

第一组：A、B、C、D、E、F、G、H、I、J 作为训练样本数据；

第二组：K、L 作为测试样本数据。

除此之外，将云服务的安全等级分为低、较低、中等、较高、高 5 类，分别用 1、2、3、4、5 代表各等级，如表 8-18 所示：

表 8-18　风险等级划分及标识

标识	1	2	3	4	5
等级	低	较低	中等	较高	高

则根据风险等级的划分，将上述经过量化处理的 12 组数据分为了不同的等级，即对 12 家云服务公司的云服务安全等级进行了分类，如表 8-19 所示。

表 8-19　样本类型及等级

样本类型	训练样本										测试样本	
云服务商编号	A	B	C	D	E	F	G	H	I	J	K	L
安全等级	3	2	3	4	2	4	1	5	1	5	3	2

对于表 8-19 分类结果的准确率，本书将基于支持向量机的方法通过样本训练进行说明。

(2) 核函数参数计算

由于本书所研究的对象云服务安全风险，其等级共包含 5 个类别，是一个多分类的问题。因此，需要进行多分类的演算，并且选择 RBF 作为核函数，这就需计算惩罚参数 C 与核函数参数 σ 的最优值，以提高分类的正确率。

对此，本书将使用训练样本数据集作为计算 C、σ 的原始数据，利用交叉验证法进行计算，最终通过计算工具得到当训练样本分类准确率达到100%时，C、σ 的值分别为：$C=0.000\ 976\ 563$，$\sigma = 0.000\ 976\ 563$。

（3）训练以及预测

利用 Libsvm 工具箱自带的 svmtrain 函数以及 10 组训练样本对支持向量机的分类器进行训练，得到模型 model。最后，运用 model 对 2 组测试样本的安全等级进行预测，预测等级与实际等级（3，2）一致，准确率达到100%，分类结果如图 8-5 所示。

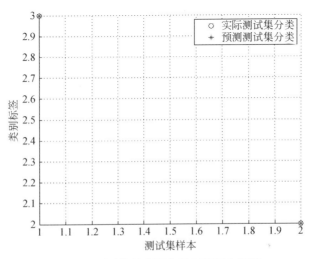

图 8-5　测试集的实际分类和预测分类图

通过预测等级和实际等级的比较，说明本书对于上述 12 家云服务公司的云安全等级的分类是客观、准确的，通过该方法能够有效地对不同规模的云服务公司的安全等级进行划分。

8.5　模型的优势及合理性

8.5.1　模型的优势及特点

本章所提出的模型结合了信息熵和支持向量机的研究方法，在样本数据较少的情况下，为云服务安全风险研究开辟了新的途径，整个模型围绕云服务的安全目标、安全问题和安全技术展开，相比以往的研究具有如下特点。

1) 本书基于云服务三个层次的安全问题，并依据存在的安全问题、安全技术以及技术所应达到的安全目标三个方面构建指标体系，全方位地凝练云服务环境下技术风险的主要因素，即哪些技术能够降低安全风险。在此之前，尚未发现该方面的研究报道。

2) 本书采用熵权系数法计算各指标样本数据的权重，摒弃了因主观性对评估结果带来的影响，使得指标权重更具客观性，评估结果更准确。

3) 以往支持向量机方面的研究，多将支持向量机方法运用于数据挖掘、统计、趋势预测等领域，并且以二分类的方式进行，本书首次将熵权与支持向量机相结合运用于云服务安全评价，且将安全等级分为 5 类，以多分类的方式对云服务安全进行预测，通过实例分析，验证了此方法能够有效运用于云服务安全评价领域。实现了对云服务安全状况较高精度和较高效率的评价，避免了之前研究方法会造成局部最优以及过拟合等问题，有较高的应用前景。

8.5.2 模型的合理性

为了保证评估数据的客观和准确性，本章所提出模型在处理专家打分的过程中，同样采取了信息熵的方法，根据专家的评估分布情况为每个指标进行熵权赋值，从而减少了评估过程中不同专家对于同一评价指标的主观偏差影响，有效地确保了评估结果的准确性。

而与之前的研究所不同，本章在进行云安全等级的划分时，所采用的是支持向量机的方法，该方法能够在样本数据较少的情况下有效地将数据进行分类处理，正适用于本章云服务安全问题和相关技术的研究。在进行分类前，本书首先提出了云服务的安全目标，并探讨了相关技术与这些安全目标之间的相互关联，同时根据云服务不同服务层次（IaaS、PaaS、SaaS）的特点，提出了影响云服务安全的主要安全问题，包括硬件资源风险、数据安全风险、虚拟化安全风险、接口安全风险和资源分配安全风险等，最终围绕云安全目标、云安全技术和云安全问题三方面的关联建立了基于云服务安全技术的风险指标评估体系，并提出了用于评估的云服务安全风险检查表。

依照风险的检查表，本书聚集了 12 名熟悉该领域的专家分别针对 12 家不同规模的云服务商进行了评估，并结合熵权赋值的方法计算得到了 12 组样本数据，为支持向量机的分类提供了准确的数据支撑。根据此样本数据，本书将上述样本数据分为了"测试样本"和"训练样本",并将云服务安全风险分为了 5 个等级,最终经过模型的演算得知预测等级与实际等级一致,准确率达到100%,说明本书基于支持向量机的云服务安全等级分类是客观、准确的,能够有效地进行云服务安全等级的评估。

如上所述,本章所提出的研究模型其研究思路清晰、目标明确,所采用的信息熵和支持向量机的方法科学合理,降低了人为主观因素的影响,并通过模型演算验证了本章云服务安全风险等级划分的准确性,以上均说明本章所提出的风险评估模型是科学合理的。

第三篇　云服务可信性度量与评估

第9章 | 云服务可信性因素分析及属性模型

9.1 概 述

云服务的发展前景和优势是显而易见的，但是，其面临着前所未有的挑战。在传统的网络模式下，用户与大量的设备处于同一地点，用户可以物理访问机器并对其状态进行实时监控，还可配备专业的、可信任的管理团队进行管理和维护。但在云服务环境下，云用户数据和应用都上传和部署至云端，由云服务商来管理基础设施，用户仅能利用网络连接云端做有限的操作，不仅失去了数据的第一掌控权，也失去了设备管理权，这些控制权的失去，致使大多数用户对云服务的可信性产生怀疑且不愿接受云服务。据调查，有88%的潜在云用户都担心云服务的可信性问题（Pearson，2013），可见，云服务商的信任问题是采用云服务的主要障碍之一（Mather et al.，2011）。

通过对云服务的可信性进行度量，能够为供应商和用户了解云服务的可信程度，度量的前提是有一个全面的可信度量体系，即云服务可信属性模型。本书通过文献研究、调查研究和资料分析，总结了云服务可信性属性模型的研究现状，如表9-1所示。

表9-1 云服务可信性属性模型研究现状

研究者及时间	属性（指标）类别
高云璐等，2012	通用SLA、IaaS、PaaS、SaaS四个方面
王磊和黄梦醒，2013	企业资质、协同能力、服务水平三个方面
赵晓永等，2013	用户体验
吕艳霞等，2013	性能属性、安全属性等
赵娉婷等，2013	服务类型：IaaS，PaaS，SaaS三个方面
罗海燕等，2014	协同程度：人员能力指数、订单完成率等
熊礼治等，2014	服务质量和用户满意度两个方面
栗蔚，2014	数据安全、服务质量、安全保障三个方面

综上所述，影响云服务可信性的因素尚未有一个全面的、系统的认识，面对云服务前所未有的开放性、规模性等特点，各类影响云服务可信性的因素在发生时同样也具有较大的随机性和复杂性。因此，为了能够充分地了解云服务商的可信性，本书将针对云服务特点，基于现有研究成果、可信计算理论以及信任理论，站在现代服务业对信用和信任的需求角度，将云服务可信性属性划分为云服务可视性、云服务可控性、云服务安全性、云服务可靠性、云服务商生存能力以及用户满意度六个维度，针对这六个方面的主要研究内容如下。

(1) 云服务可视性

对于云用户，目前云服务环境所提供的可视性措施非常薄弱，这是造成用户对云服务不信任的重要原因之一。用户将数据上传至云端或者将应用部署在云端之后，云端就像一个看不见摸不着的"黑盒子"，用户完全不了解其数据在云环境中是否得到了实际的保护以及怎样保护，倘若用户能看到其数据在云环境中得到实际保护，或者有证据表明其数据得到了很好的保护，则他对此服务就比较信任。因此，云服务可信性度量必须考虑其可视性。

(2) 云服务可控性

目前，云服务环境的部署和搭建业界尚未有一个统一的标准，各云服务商之间的可控性措施各有不同，部分小企业采取的措施可能非常薄弱。云环境中若有控制措施，即企业能够保证谁有权限访问数据，它们有能力制定相应的访问策略，则该服务的可信性就较高。相反，若措施过于薄弱或者无任何的针对性，其服务的可信性就低。因此，云服务可控性也是造成用户对云服务不信任的重要原因，这里将深入研究和分析。

(3) 云服务安全性

云服务之所以存在一系列的安全问题，流失用户，导致用户的不信任，很大一部分原因来自当前云服务技术的不成熟。众所周知，云服务共包含三个层次的服务，分别是基础设施即服务（IaaS），平台即服务（PaaS）以及软件即服务（SaaS）。无论是任何一个层次的服务都将涉及体系结构、虚拟化存储、网络传输、效用计算等相关方面的技术要求，其中任何一个技术上的差错或是技术支撑不到位的原因都将会直接影响系统的正常运作，造成经济上的不必要损失。安全性越高，代表用户越信任该服务，即该服务的可信性越高。可见，云服务安全性也是在衡量可信性是必须考虑的重要因素。

（4）云服务可靠性

云服务的可靠性是云服务商为用户提供持续正确服务和支持的能力，可用服务最长可连续正常运行的时间，或用成功提供服务任务的次数与累计服务任务次数的比值来衡量。若用户在使用云服务的过程当中，云服务能够稳定运行，中途尚未出现服务中断、服务出错等事件，用户则对该服务比较信任，相反，若服务过程当中，频繁出现服务中断、任务出错等情况，则会影响该云服务的可信性。因此，云服务可靠性也是判断云服务可信性的重要因素之一。

（5）云服务商生存能力

云服务商的生存能力往往是用户对其服务可信性判断的重要因素，如果云服务商资金雄厚、技术过硬、运营良好，那么其服务可信性相对就高。本书拟从资金实力、营收状况、技术水平、业内经验、发展战略等若干方面衡量云服务商的生存能力。资金实力和营收状况衡量其经济能力，营收状况指其云服务业务收支情况。技术水平是影响云服务质量的重要因素，也是直接影响到用户体验和市场成败的关键。业内经验和发展战略是决定该服务商未来发展前景的重要因素，它是左右云用户是否可能长期信任该服务商的重要因素。

（6）用户满意度

云服务"一切皆服务"，但对于用户，只有自己需要的服务才是真正好的服务。满意度是用户对云服务商所提供的服务的认可程度，云服务作为一种基于互联网的服务，用户的传播效应是非常巨大的，如果能得到用户和市场的广泛认可，那足以说明其服务质量和可信度是比较高的。本书将深入探究影响用户满意度的若干因素。

综上所述，如图9-1所示，云服务的可信性并不是取决于一方面，而是涉及诸多层面，同时这些层面涉及的影响因素可能存在关联性，共同影响着云服务的可信性。

因此，本书接下来将从上述六个维度展开对云服务可信性的研究，梳理影响云服务可信性的因素，同时还需要梳理各因素之间的关系，最终建立一个具有交叉关系的云服务可信性属性模型，为后续的可信性度量奠定基础。

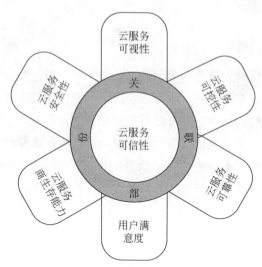

图 9-1   云服务可信性决定因素示意图

9.2   云服务可信性属性模型建立原则及步骤

可信云服务属性模型关系到后续度量结果的准确性，因此，该模型必须是全面、完整、科学的，在分析与建立模型的过程中，应当严格遵循以下原则。

1）目的性原则：该属性模型主要是为云服务可信性度量奠定基础，属性模型涉及的因素必须与云服务可信性相关。

2）科学性原则：建立的云服务属性模型必须在科学研究的基础之上，能够有效地反映可信云服务的特点。

3）实用性原则：从资料收集要规范可靠，可信性因素表意明确，要从云服务应用的现状着手，不可照搬其他系统现有的属性模型。

4）独立性和关联性原则：独立性要求可信性因素互斥，避免重复影响系统整体评估的正确和精确性。但某些因素之间应相互关联，能在实例化的过程中正确反映系统的可信程度。

5）可操作性原则：可信性因素能进行科学有效的定性分析，也要保障精确的定量分析，同时必须可以随时采集和更新，尽量规避难以获取的参数。

6）层次性原则：对复杂的系统分析时，应把相同属性的因素归为一类，按照这样层层建立，最终形成递阶层次结构的属性模型。

7）系统性原则：该属性模型应考虑系统中影响云服务可信性诸多因素，必须能从多个角度反映系统的整体情况和综合性能。

现有关于指标选取的方法有归纳演绎法、脑力风暴法、专家会议法、德尔菲法（吴晓平和付钰，2011）等，本书根据现阶段云服务的发展状况和方法的可行性，基于归纳演绎法和德尔菲法，严格遵循上述原则，制定建立云服务可信性属性模型的步骤，如图9-2所示。

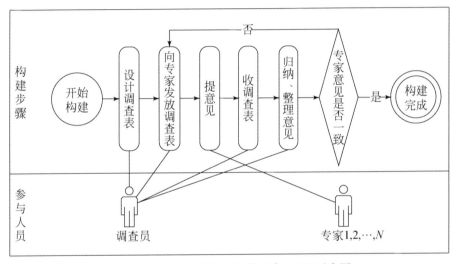

图9-2　云服务可信性属性模型建立过程示意图

第一阶段：深度分析和梳理大量的研究报告、文献、书籍、会议、文件、标准等资料。

第二阶段：结合第一阶段的梳理笔记，识别出现阶段影响云服务可信性的主要因素。

第三阶段：针对梳理出来的影响云服务可信性因素的详细情况，设计调查表，该调查表需浅显易懂、条理清晰，能够说明因素的内容，然后将调查表发放给相关领域的专家，专家根据调查表内容提出意见。

第四阶段：收回调查表，归纳并整理专家意见，判断专家意见是否达成一致，若不一致，整理意见后再次发放调查表，依次重复进行，直至专家意见达成一致。

第五阶段：最终构建云服务可信性属性模型。

9.3 云服务可信性因素分析

9.3.1 云服务可视性因素

思科安全技术事业部云和虚拟化解决方案总监 Chris Hoff 表示: "云服务环境中的可视性措施是不够的, 我们应该如何信任管理程序? 但总是被告知, 只要信任它就可以了。" 由此可以看出, 用户在使用云服务的过程中, 对应用、数据等资源的保护措施以及是否得到保护不得而知, 这就直接造成了用户对云服务的不信任。因此, 本书围绕云服务可视性以及环境特点进行分析和讨论, 最终通过梳理得到以下因素。

(1) 服务审查

诸多的云服务在缺乏监督管制的情况下经常会出现疏漏而导致风险 (Anton et al., 2009)。一旦风险发生, 势必会影响云服务的可信性。CoalFire 在论及云端的关键风险时, 曾指出企业应将云服务视为一类高风险的服务模式, 建立相关的控制机制并配套监控设施, 同时与云用户之间建立可信的双向信息交流管理机制, 在必要的情况下 (合规或安全取证), 云服务商应承诺可向用户提供相关的证明信息 (视频监控、系统运行日志、运维人员的操作记录等), 此外, 能够配合政府监督部门的监督审查。云服务商能够做到 "有理可依, 有证可循" 的服务方式, 也是提高其可信性的方法之一。

(2) 服务使用量/时间

云服务以服务的模式向用户提供各种资源 (软件、基础设施及应用平台), 用户根据自己的需求订制相应的服务。因此, 这就要求云服务商在用户订制服务前, 告诉用户其服务的计费方式、收费方式以及使用云服务的过程中能否实时查询已购服务总量、已使用量、剩余量、购买时间、使用时间、截止时间以及消费金额等详细信息, 其次, 不可用的时间 (维护、管理时间) 也应该明确说明或提前通知, 让用户能够明白消费, 这也是影响用户对所订制服务是否可信的一个重要环节。

（3）数据存储位置

由于云服务跨区域分布的特点，云服务商会设立一个或多个数据中心，这些数据中心可能分布于不同的地理区域，并且受到各地司法差异的影响，当用户在进行相应的数据管理操作时，几乎都不知道这些数据是被存储在什么地方，得到了什么样的保护。因此，用户在订购云服务时，应清楚自己的数据存储在哪个数据中心、数据位于什么地方、当地与数据相关的法律法规，其次，当数据存储的地方有变动时，云服务商也应及时告知用户并争取用户的同意。若用户能够清楚地了解自己数据的存储位置，则增加了对云服务商的信任程度。因此，在考虑云服务可信性时同样需要考虑由于数据存放位置所带来的影响。

（4）数据备份量

在某些突发的情况下，数据未经妥善备份，同时由于服务商的意外删除就可能导致数据丢失的严重后果。因此，云服务商为了保证用户数据的安全性，往往将数据进行备份（一份或多份），然后存放于不同的数据中心。但是，这样的备份操作往往是在用户毫不知情的情况下进行的，这也是用户不放心将其数据托管给云服务商的一个重要原因。因此，云服务商应告知用户数据的备份量以及存储位置，让用户清晰了解自己数据的备份详情，提高其云服务可信程度。

（5）数据使用详情

云用户将数据上传至云端使用，云服务商在此交互过程中却具有全局的管理权和控制权（张伟匡等，2011）。此外，数据成为公司有价值的财产、重要的经济投入和新型商业模式的基石（刘雅辉等，2015）。由此看来，数据的价值毋庸置疑。但在巨大利益的驱动下，也就造成了云服务商以及内部的工作人员可能在用户不知情的情况下，从其源数据中分析和挖掘出有价值的信息，然后从事商业活动，进而谋取利益。这也是目前造成用户不信赖云服务的一个重要因素。所以，云服务商应该采取相应的措施，记录用户数据的使用情况（包括使用人、使用时间、使用的数据类型以及用途等），用户也能实时查看自己数据的使用情况。因此，赋予用户对自己数据的知情权并能充分行使其权利，也是提升云服务可信程度的一个关键因素。

9.3.2　云服务可控性因素

云服务作为一种新的技术融入市场后，必然有其自身的特点，传统的可控措施和管理手段，对云服务的部署和运营有一定的参考价值，但也势必存在一些不足，也因此会带来一些可信性问题。其次，随着庞大的用户群体以及复杂多样的服务出现，再加上其弹性服务的特点，这给云服务的可控性带来了巨大的挑战，也从中暴露了诸多的可信性问题。云服务可控性好，说明其能够对云中的资源、用户行为、系统行为实施安全管理与实时监控，防止资源或者云服务遭到恶意者的滥用（Ding et al.，2014），同时也说明其服务可信度高。因此，在这一节，本书从云服务可控性这个维度分析实际运行过程中影响云服务可信性的因素，为后面的度量和决策提供依据。梳理出的可信性因素如下。

（1）服务条款

云服务的核心就是服务，但服务的前提是用户与云服务商之间信任关系的建立，而 SLA 通过严格的条款设定和功能定义，已经被实践证明是云服务商与客户建立信任关系的有效手段（严建援等，2014）。因此，云服务商应具备健全的、明细的云服务条款和协议，在用户订制云服务时，用户需要与云服务商通过相互了解与承诺，在服务变更、服务终止、服务赔偿、服务质量、服务安全、服务期限、用户约束、服务商免责等方面达成一致，详细地约定双方应承担的权利和义务，以此来保障双方的利益，从而建立信任关系。因此，一个云服务商是否具备明细的、健全的服务条款也是凸显其是否值得信任的条件之一。

（2）服务审查

云服务实为一种分层服务，每一层均提供不同的服务和组件，因此，其平台和应用服务组件应提供符合组织业务规范的审计证据，一方面能够为重要数据及个人信息保护等国家安全相关的审查提供必要的技术支持，掌控服务的合法性。另一方面，当突发事件发生，能够通过服务审查的方式，快速了解事件发生的缘由和结果，对所发生的事件及时控制和处理，从而避免造成过多的损失，则该云服务的可信性相对较高。因此，是否能够进行服务审查，也是云服务可控操作必须考虑的一个因素。

（3）身份认证

云服务出现以前，大多数企业都有信息系统、硬件设施以及可信的技术管理团队，而这些资源大都部署于企业内部，传统的"用户名+口令"身份认证方式就能较好地保证这些资源的安全性（冯朝胜等，2015）。但是，由于在云服务这种分布式环境中既缺乏集中认证与授权中心来保障推荐信息来源的可靠性，又因其高度开放的特征允许服务实体自由地加入或离开，如服务发布或撤销等，这就导致服务的可信问题面临着重大挑战（胡春华等，2012）。因此，面对此方面的不足，云服务商是否能够准确鉴别并确认操作对象的身份，保证合法用户登录系统并获取对应的服务也是体现其服务可信程度的重要因素之一。

（4）访问控制

云中部署了各种资源，这些资源旨在为用户提供各种各样的服务，满足用户的需求，如何保证云平台为用户提供订制的服务是一个关键问题，而访问控制是解决此类问题的有效方法，其为合法用户分配访问权限，使之能够按权限访问自己或他人共享的资源。但是，由于云服务的动态性以及用户的活跃性，针对这方面的保护太过于简单（苟全登，2013）。因此，访问控制是云服务亟待解决的难题（冯朝胜等，2015；Takabi et al.，2010）。

近年来，各高知名度云服务商频频爆出各种因访问控制策略出现问题而导致用户数据被非法访问的事件。2009 年 3 月，Google Docs 上的用户可以非授权访问他人的文档；2010 年 12 月，微软 BPOS 产品中的云数据被非法授权下载和破坏。这些事件的发生，也间接地加剧了用户对云服务商可信性的担忧程度，因此，访问控制也是影响云服务可信性的因素之一。

（5）数据加密

随着云服务提出的在线计算等服务的普及，用户数据的保护成为一个重要挑战（张艳东，2014）。目前，保护数据的方法通常是对存储、传输、迁移过程中的数据进行加密处理，对数据进行实时加密，即使其他人获取到数据，也无法正常使用，能够防止数据泄露。常用的技术有对称加密、公钥加密等，这些传统的加密技术相对较成熟，面对新崛起的云服务技术，这些加密技术不可能完全适用于云环境下的数据加密，但具有一定的参考作用。首先，如果云服务商的加密算法脆弱，被黑客等不法分子破解，将直接导致用户的数据泄露。其次，如果云服务商已采取成熟的加密技术，但是由于某些原因造成密钥丢失，将导致用户无法对自己的数据进行解密，造成数据毁坏或无法使用，这些事故一旦发生，都会给云服务可信性带来一定的影响。因此，云服务商若是有能力对用户的数据进行加密并且证明这些加密措施是"攻而不破"的，就能够得到用户的信任。

(6) 软硬件故障监控/恢复

软件与硬件是保证云服务能够稳定地为用户提供服务的基础，一旦软件或者硬件出现问题，就会造成服务中断等事故，从而直接对云服务商的可信程度产生影响，客户对服务中断的厌恶程度越高，云服务提供商的信任值下降越显著（严建援等，2014）。因此，若云服务商对云服务所涉及的软件、硬件进行了实时监控，并能向用户证明当某一软件或硬件发生故障时，其能及时追踪和定位故障节点，并且能快速诊断和恢复正常，就能得到用户对云服务商这方面能力的认可，从而建立信任关系。所以，软硬件故障监控和恢复能力反映出了云服务商的可信程度，也是影响云服务商可信性的一重要因素。

9.3.3 云服务安全性因素

云服务是当前信息技术领域的热门话题之一，是产业界、学术界、政府等各界均十分关注的焦点。它体现了"网络就是计算机"的思想，将大量计算资源、存储资源与软件资源连接在一起，形成巨大规模的共享虚拟 IT 资源池，为远程计算机用户提供"招之即来，挥之即去"且似乎"能力无限"的 IT 服务（冯登国等，2011）。由于安全性等问题导致的云服务信用问题，是推广云服务应用的关键障碍（李德毅，2012）。云服务安全性主要是涉及相关的安全技术，技术有力保障了用户的资源、权益不受侵犯，从而使用户能够放心地使用云服务。云服务技术风险因素同样是影响云服务可信性的因素，已在 4.2.2 节详细叙述，此外不再赘述。

除此之外，根据云服务的特点，本书还分析了"数据持久性"以及"病毒查杀"两个因素，这两个因素在以往的研究中，很少对其分析和探讨，但是其也涉及了云服务的可信性，并且对云服务的可信性也有一定的影响，具体分析如下。

(1) 数据持久性

在上述"数据备份与恢复"这个可信因素中，可了解到用户数据会被备份成一份或者多份，然后存储于不同的数据中心，用于紧急事件发生时对用户数据进行恢复，确保用户数据安全。但是，备份的越多，也随之增加了数据丢失和损坏的风险，不仅如此，即使不进行数据备份操作，数据一旦丢失或者损坏，就无法找回，这其实也增加了风险。因此，在这两者之间如何作一个均衡以及如何保证在服务合同期限内或者用户要求期限内用户数据不丢失或少丢失以及不损坏是一个关键的问题，其直接影响着用户对云服务商的信任程度。

2012 年 8 月，盛大云在其官方微博发布由于数据中心的一台物理服务器发生损坏，导致了部分用户数据的丢失。2011 年 10 月，国内知名的阿里云服务器由于磁盘故障，导致一些新增的用户数据丢失。这些事件都致使云服务商的信誉受到了破坏，同时也损害了用户对其的信任程度。因此，"数据持久性"也是影响云服务可信性的重要因素之一。

（2）病毒查杀

病毒、木马的防护一直以来都是网络安全的重要内容，目前反病毒软件仍然是广泛使用的病毒检测和查杀工具，但是该检测方法的有效性一直被广泛地质疑（孟超，2013）。此外，再加上云服务平台变得越来越庞大、病毒种类日益复杂、安全漏洞日益涌现，使得云服务平台中病毒查杀的难度也随之增大。由于云平台存放着大量的用户重要数据，对攻击者来说具有较大的诱惑力，如果云平台病毒查杀方法存在疏漏或者无法及时发现并隔离病毒，一旦云服务系统遭到病毒感染，将会给运营商和用户带来毁灭性的灾难，造成用户与云服务商建立的信任关系遭到破坏。

美国威瑞森电信（Verizon）2013 年度数据泄露调查报告（*The Data Breach Investigations Report*）显示，2013 年全球网络入侵事件发生次数创下史上新高，数量同比猛增 3 倍，其次，2009 年，亚马逊的简单存储服务（简称 S3）先后多次遭到黑客和木马攻击，造成服务中断。由此可见，"病毒查杀"这个因素是一个日益重要的关乎云服务可信性的因素。

9.3.4 云服务可靠性因素

云服务的可靠性是云服务商为用户提供持续正确服务和支持的能力，对于一个云服务系统，若其可靠性较低，说明用户在使用的过程中所提出的服务请求大多数情况下得不到云系统的反馈，无法为用户提供正确的服务，影响用户对云服务的依赖程度，甚至放弃使用该云服务，从而影响云服务的可信性。相反，若云服务的可靠性较高，说明该云系统正常情况下，能够成功地返回用户服务请求的结果，持续稳定地为用户服务，为用户带来较好的体验，则用户会认为该云服务商是值得信任的。因此，本节分析和探讨了影响云服务可靠性的因素，具体如下所示。

（1）数据备份与恢复

数据备份与恢复是云服务中不可或缺的技术手段之一，其主要是为了防止用户数据的丢失或损坏，从而保证数据的安全性。但是，换一个角度分析，将用户数据进行备份，然后将备份的数据存储于不同的数据中心，当用户数据因某些原因（自然灾害、技术缺陷、操作失误等）造成丢失或者损坏时，可以及时恢复用户数据，为用户持续正常地提供服务，保证云服务的可靠性。另外，云服务商动态地、频繁地对用户数据进行实时备份，随之也加大了数据丢失和损坏的概率，其一旦发生，势必会因为数据的丢失或者损坏而无法正确地反馈用户请求，造成正确服务次数的比重减小，降低云服务的可靠性，当然，云服务的可信性也随之降低。显而易见，"数据备份与恢复"也是影响云服务可靠性的因素。

（2）持续正确服务时间

持续正确服务的时间长短是衡量云服务可靠性的一项标准。因此，客户对服务中断的厌恶程度越高，云服务商的信任值下降越显著（严建援等，2014）。用户在订制云服务以后，云服务所提供的持续正确服务时间的比重远远超过出错或中断的服务时间，甚至未出现服务中断或者服务出错的事故，用户就会认为此云服务是可靠的，信任程度也会增高。当然，若服务经常出错或中断，云服务商的可靠性就低，同时也影响云服务的可信性。

亚马逊的云存储平台 Simple Storage Service 出现长约 8 小时的故障。2008 年，亚马逊 S3 平台出现时间超过 6 小时的故障，使得用户的数据资源无法访问。这些服务中断的事故（部分）都出自全球知名的大公司，这些公司通常都拥有专业的技术、管理团队以及完善的基础设施，但也无法避免出现此类事故，可想而知，诸多的小公司面临的挑战更加艰巨。因此，持续正确服务时间是影响云服务可靠性以及可信性的重要因素之一。

（3）软硬件故障监控/恢复

云服务商能够对云服务所涉及的软件、硬件进行实时监控，当某一软件或硬件发生故障时，能够及时定位并了解故障原因、从而快速诊断和恢复正常，让用户尽快恢复使用云服务，说明云服务商的可靠性高。但是，若软件或硬件发生故障时，云服务商无法在较短的时间内处理，导致服务中断时间过长，超出了用户的可接受范围，严重影响了用户的正常使用，就会造成用户对云服务商的信任程度降低。因此，软硬件故障监控/恢复的能力，也是影响云服务可信性的一个因素。

2009年1月，Salesforce由于设备出现故障，导致数据处理服务中断，数千家企业的运营遭受到了影响。2010年3月威睿（VMware）公司合作方Terremark v Cloud Express由于公司没有完备的错误保障和恢复机制，同样也发生了长达7小时的服务中断事故。由此可见软硬件故障监控/恢复是保证云服务持续正确为用户服务的一个重要关口，是决定云服务可靠性的又一重要因素。

（4）技术水平

一个云服务商的整体技术水平越强，其云服务平台在面对恶意攻击等安全事件时，显得越"牢固"，其次，在突发事件（服务中断、恶意攻击、配置错误等）发生时，能够迅速地采取技术措施进行应对和处理，保证为用户提供正确的、可持续的服务，从而保证云服务的可靠性。

2012年12月亚马逊AWS的弹性负载均衡服务（Elastic Load Balancing Service）中断，导致Netflix和Heroku等网站受到影响。2010年1月，Salesforce.com由于自身数据中心出现系统性错误，几乎所有的服务都发生瘫痪的情况。这些都是掌握核心技术的企业，但是也避免不了因为技术疏漏而造成云服务中断等问题，因此，技术水平较为落后的企业出现影响云服务正常服务的事件会更多。由此看来，技术水平是衡量一个云服务商可靠性得重要因素之一。

（5）业内经验

新技术企业的创业与成长是一项难度极高的活动。云服务商作为一类新技术企业，在其发展的过程中，会遇到诸多阻碍其发展的问题，这就需要领导者能够在复杂性高、不确定性强、信息极为有限的条件下快速做出正确的决策和判断，解决相应的问题。在这种情况下，创业者经验多样性带来的知识结构多样性就显得尤为重要（杨俊等，2011）。因此，云服务商具有一定的时间及业内经验积累来发展云服务，能够保障其提供云服务的可靠性。

9.3.5 云服务商生存能力因素

（1）资金实力

资金是企业生存和发展的基础，一个企业的资金实力，在很大程度上决定着企业未来的生存和发展，也是提升企业竞争力的一个关键问题（赵少峰和郝孟余，2012）。足够强大的资金实力能够维持云服务商的可持续发展，为云用户长时间提供稳定且可靠的云服务，若资金周转不畅，调度不灵活，这终将影响云服务商的生存。一个云服务商要具备良好的运营管理团队、技术团队以及扩充业务等，这些都离不开资金的支持，而一个可信的云服务商，同样也离不开这些人力、物力等等，归根结底，一个云服务商的资金实力是影响其可信性的一个重要因素（高云璐等，2012；李东振，2013）。

2016年1月，日本云游戏服务商神罗科技宣布正式倒闭，原因是招募开发者以及开发DEMO（演示版）需要大量的资金，但是又找不到合适的投资方，导致资金链断裂，无法继续运营下去，最终只能倒闭。可见，资金实力不仅是影响云服务可信性的因素，更是决定云服务商生死的因素。

（2）营收状况

云服务商在云服务业务方面的营收状况能够反映出企业经营发展的情况，业务的收入规模是判断企业生产经营规模和经营能力的标志（赵向红，2006）。长期处于盈利状态的企业，不仅能应对诸多的突发事件，也能扩展企业规模和改善企业设施，为云服务营造一个可信的环境。相反，若一个云服务商长期处于亏损的状态或者盈利与支出不平衡的状态，这将会导致技术、设备等均落后于其他云服务商，不仅无法维持企业的发展，面对诸多的突发事件时，也会束手无策，影响云服务的可信性。

国内的云服务商创宇云曾推出"高性价比"的云主机而风靡市场，但是，2015年11月，创宇云在其官网发布公告称，由于云服务行业竞争过于激烈，公司持续亏损，决定停止相关业务的运营，让用户尽快迁离云虚拟主机。因此，一个营收状况良好的云服务商，才能保障其服务稳定可持续的运行，为用户提供一个可信的云服务环境。

（3）技术水平

云服务商稳定、可持续的发展，离不开技术团队在背后的支撑，而一个大的云服务商，往往具备一支高水平的技术团队对其云服务进行设计、架构和部署以及运营过程中的维护。因此，拥有足够技术人才储备（即技术水平较高）的云服务商，不仅能够及时解决出现的问题和预测易发生的问题，做好维护工作，防止事故发生，也能保证云服务商拥有较强的行业竞争力以及创新能力，引导其可持续发展，相比之下，一些企业往往就是因为技术水平落后，无法与其他企业竞争，最终只能退出云服务市场。因此，技术水平是衡量云服务商生存能力的一个重要因素。

（4）业内经验

研究人员普遍认为先前工作中积累的知识、技能和经验是决定新技术企业成败的关键因素（杨俊等，2011）。因此，云服务商积累了一定的业内经验，首先，能够帮助其在遇到问题时快速做出正确的决策，解决遇到的问题。其次，便于对所处行业进行全面的分析，然后制定本企业的发展策略和目标，提高行业竞争力，促进其可持续发展。由此可见，业内经验是影响云服务商生存能力的一重要因素。

克里斯蒂娜（2005）在其书中列举了全球120家大型企业因决策失误，给其发展带来了严重的影响，甚至影响了其生存。虽说这是120家非云服务商企业，但是其深刻的表明企业发展过程中决策的重要性，值得云服务商思考和借鉴。科学、正确的决策需要不断在实践中补充和丰富经验（郑怀义，2001）。因此，业内经验也是影响云服务商生存能力的因素之一。

（5）发展战略

发展战略的目的就是引导企业如何发展，为企业在不同的阶段提供不同的发展方向、发展目标以及指明发展点，确保企业能够快速、健康、可持续的发展。正确的企业发展战略对一个企业发展起着决定性作用（王子军和刘志永，2011）。所以，发展战略是决定云服务商生存能力的因素之一。

据搜狐网报道，任正非在某次华为"公司战略务虚会上的讲话"就对华为云服务的发展战略表示不满，称"云的发展策略还是不清不楚的半遮面，平安云、视频云等等，到头来可能还是做了个规模更大的私有云而已，公有云依然得不到发展。"这是华为 Cloud BU 自 2017 今年 3 月份成立以来，不到半年就对战略进行了紧急调整，让其能够支撑和维持业务的发展，可见对于华为如此大规模的企业来讲，发展战略意味深远。

（6）可兼容性

云服务将大量计算资源、存储资源与软件资源链接在一起，形成巨大规模的共享虚拟 IT 资源池（冯登国等，2011）。用户通过手机、平板等终端设备即可访问资源池中的服务。但是，手机、平板等手持设备更新换代的速度尤其迅速（韩伟，2014），这就难免造成客户端与设备不兼容的现象。因此，若云服务商的客户端更新不及时而出现兼容性问题，就无法正常运行和提供服务。另外，云服务领域缺乏统一、普遍接受的国际标准，也导致了云服务缺乏兼容性、可移植性保障（蔡永顺等，2012）。用户和云服务商依然面临着不同类型云之间以及不同云服务商之间转换的兼容性问题，若遇到复杂的应用交互或者迁移，云服务很可能出现无法正常工作的情况。因此，可兼容性是衡量云服务好坏的一个标准，长期出现兼容性问题，就会造成用户体验差，从而流失用户，对以用户为生存之本的云服务商势必会产生重要的影响。

（7）需求质量

云服务（cloud computing）是为适应 IT 应用新需求出现的一种计算新模式（王鹏，2009）。目前的云服务基本都以计算、存储、传输为主导类型，但是，随着用户需求的日益个性化和多样化，单纯的计算、存储等服务并不能满足用户的需求。而大规模定制（mass customization）是为适应客户个性化需求所出现的生产或服务新模式和发展趋势（吴清烈等，2010）。因此，云服务商提供的云服务若能根据用户的需求进行深入定制，不仅能满足用户多样化的需求，吸引更多的用户，也能适应复杂激烈的市场竞争，提高企业生存与竞争能力。

9.3.6 用户满意度因素

云服务"一切皆服务"，但对于用户，只有自己需要的服务才是真正好的服务。满意度是用户对云服务商所提供的服务的认可程度，云服务作为一种基于互联网的服务，用户的传播效应是非常巨大的，如果能得到用户和市场的广泛认可，那足以说明其服务质量和可信度是比较高的。云服务能否被顺利地推广和使用，在很大程度上取决于云服务的可信性能否达到用户满意的程度（Ding et al.，2015）。因此，本节将深入探究影响用户满意度的若干因素。

（1）持续正确服务时间

9.3.4 节中对"持续正确服务时间"这个因素对云服务可靠性的影响做了分析，换一个角度，若用户定制的云服务出现服务中断、服务出错的概率较大，不仅无法帮助用户完成预期的任务，同时也影响了用户的体验，这就会给用户带来消极的影响，致使用户对云服务的满意度降低。因此，持续正确服务时间越长，用户的满意度会越高。

（2）服务状况（服务质量）

云服务质量是用户使用云服务的总体效果，这些效果决定了一个用户对该云服务的满意程度（黎春兰和邓仲华，2012）。因此，对于云用户来说，服务不仅仅是为用户提供存储、计算等这些资源，其实也包括了定制云服务前后，云服务商所提供的各种帮助以及活动，而这些活动（包括服务态度、服务响应速度、解决问题力度等）直接影响着用户对云服务的满意程度。所以，当云服务商的服务质量超过用户的预期时，用户就对此云服务商感到满意，对该服务的忠诚度就高（黎春兰和邓仲华，2012）。由此可见，服务状况也是影响用于满意度的因素之一。

2018 年 6 月 27 日，国内著名的阿里云服务出现大范围故障，手机端和电脑端都无法访问，持续时间长达一个多小时，淘宝、滴滴、石墨文档等业务均出现了故障，当天凌晨一点左右，阿里云官方微博阐述这次事故是运维操作失误而造成的，但是对阿里云用户造成的损失并没有提及任何补偿措施，影响了用户的满意度。

（3）价格

云服务为用户提供多样化的服务，用户只需按照价格支付一定的费用即可使用，在这样的条件下，用户认为所定制的云服务价格高，理应获得高质量的服务，但是，若实际的云服务质量无法达到用户的期望值，用户对云服务的满意程度就会降低。相反，若用户支付相对较少的费用，获得的云服务质量超出其预期的效果，即高性价比的云服务，用户对云服务的满意度和忠诚度就较高。因此，客户购买的产品价格的高低直接影响着他们的满意度（徐锐，2011）。

（4）需求质量

"需求质量"指云服务商是否能为用户提供深入定制化的云服务，此可提高云服务商的竞争力，影响其生存能力。在这节中，"需求质量"指的是用户根据自己需求所定制的云服务是否与自己的需求完全一致，即云服务质量与用户需求的一致性。倘若用户在使用过程中发现所定制的云服务无法满足自己的需求，与云服务商描述的不一致，用户会认为自身的利益受损，从而影响用户满意度。由此可见，云服务系统的质量会影响用户的满意度（刘鲁川和孙凯，2012）。

（5）可操作性

云服务为用户提供"取之不尽，用之不竭"的资源，用户则通过终端设备进行访问，这是一个人机相互的过程。因此，从系统设计的角度来说，资源丰富与多样化服务是提高用户满意度的一个基本条件，但是假如云服务系统中的信息、资源等放置不合理，功能复杂无序可循，用户在使用服务时，很难独立完成自己的任务，这也必然会降低用户的满意度。所以，云服务应该具备可操作性，即操作的易用性、引导的适当性，能够适时地、恰如其分地给予用户引导和说明，帮助其简单、高效地完成其要做的任务，提高用户的体验度和满意度。相反，消极的用户体验则会带来不利的影响，降低用户的回访意愿、满意度和产品的口碑（曹庆娟，2009）。综上所述，可操作性也是影响用户满意度的一个因素。

（6）响应时间（传输速度）

云服务具有用户量大、系统规模大、并发量大等特点，因此，这就给云服务的负载均衡带来了挑战，同一个服务可能被大量的用户同时访问，造成用户的访问量超过了云服务的负载容量，导致负载失衡，从而造成云服务无法及时响应用户的请求，甚至造成服务中断，同时也影响了用户的满意度。此外，用户与服务之间依靠"传输"获得服务，也存在大量的用户同时向云端传输资源的情况，这也会拉低传输速度，降低用户满意度。因此，响应时间也是用户评价满意度所涉及的一个标准。

（7）可针对性

云用户根据自己的需求定制云服务，但是，用户的需求并不是同等重要的，随着业务的变动和需求的变动，有的需求相比以前会变得更为重要，因此，用户在使用云服务的过程中，能够依据需求的变化，对需求较大的服务有针对性地进行动态扩展，实时地满足用户需求的变化，就能不因需求变化而流失用户，提高用户的满意度和忠诚度。另外，用户对于云服务商来说重要程度、消费能力均不同，如普通用户、VIP用户等，云服务商应针对不同的用户制定不同营销策略、服务方式和管理手段，对于相对重要的客户安排专员服务和定期走访，为他们提供快捷、周到的服务，对于普通用户，应定期回访，平时处理好该类客户的咨询、投诉和建议，从而确保不同用户的满意程度。因此，可针对性也是影响用户满意度的因素之一。

9.4　云服务可信性属性模型

按照图 9-2 的步骤分析，获得了 9.3 节所描述的 30 个影响云服务的因素，再严格按照步骤梳理这些因素之间的关系，最终建立了云服务可信性属性模型，如图 9-3 所示。

图 9-3 构建的云服务可信属性模型是一个 3 层次的属性模型，其描述了影响云服务可信性因素之间的复杂关系，具体表示如下。

可信云服务（F）= {云服务可控性（F_1），云服务可视性（F_2），云服务安全性（F_3），云服务可靠性（F_4），云服务商生存能力（F_5），用户满意度（F_6）}

其中，每一类涉及的因素如下所示：

- 云服务可控性（F_1）= {服务条款（f_1），服务审查（f_2），身份认证（f_9），访问控制（f_{10}），数据加密（f_{12}），软硬件故障监控/恢复（f_{18}）}
- 云服务可视性（F_2）= {服务审查（f_2），服务使用量/时间（f_3），数据存储位置（f_4），数据备份量（f_5），数据使用详情（f_6）}
- 云服务安全性（F_3）= {数据持久性（f_7），数据迁移（f_8），身份认证（f_9），访问控制（f_{10}），数据销毁/删除（f_{11}），数据加密（f_{12}），数据恢复与备份（f_{13}），数据隔离（f_{14}），入侵检测与防范（f_{15}），病毒查杀（f_{16}）}
- 云服务可靠性（F_4）= {数据恢复与备份（f_{13}），持续正确服务时间（f_{17}），软硬件故障监控/恢复（f_{18}），技术水平（f_{21}），业内经验（f_{22}）}
- 云服务商的生存能力（F_5）= {资金实力（f_{19}），营收状况（f_{20}），技术水平（f_{21}），业内经验（f_{22}），发展战略（f_{23}），可兼容性（f_{24}），需求质量（f_{27}）}

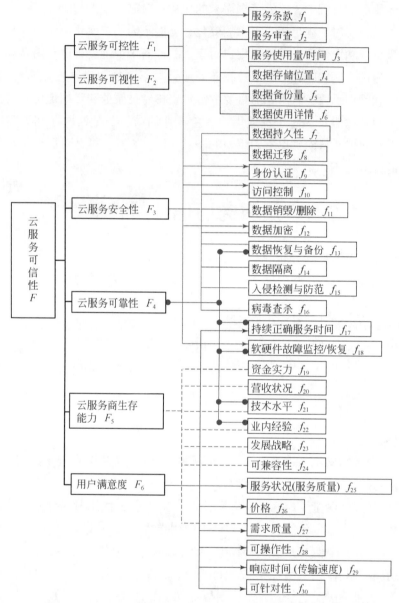

图9-3 云服务可信性属性模型

● 用户满意度（F_6）＝｛持续正确服务时间（f_{17}），服务状况（f_{25}），价格（f_{26}），需求质量（f_{27}），可操作性（f_{28}），响应时间（f_{29}），可针对性（f_{30}）｝

9.5 云服务可信性因素简述

9.3 节对影响云服务可信性的因素进行了详细地分析和论述，9.4 节建立了云服务可信性属性模型，为了便于读者阅读和理解，本书对影响云服务可信性的因素进行了简要描述，具体如表9-2 所示。

表 9-2 属性模型因素简要描述

编号	因素名称	因素描述
f_1	服务条款	是否有明细且健全的服务终止、赔偿、用户约束等条款
f_2	服务审查	突发事件发生后，是否能够提供运行日志、维护人员操作记录等文件，以及时调查并处理突发事件
f_3	服务使用量/时间	用户能否实时查询已购服务总量、使用量、剩余量、购买时间、使用时间、截止时间等
f_4	数据存储位置	用户是否知道数据存放在哪个数据中心，数据中心在什么地点
f_5	数据备份量	用户是否知道自己的数据一共被云服务商备份了多少份
f_6	数据使用详情	用户是否可以实时查看自己的数据何时被谁用来做了些什么
f_7	数据持久性	是否保证在服务合同期限内或者用户要求期限内用户数据不丢失或不损坏
f_8	数据迁移	是否有技术或措施保证用户数据可顺利迁入或迁出且不改变数据类型或格式
f_9	身份认证	是否能够鉴别并确认操作对象的身份，保证合法用户登录系统并获取服务
f_{10}	访问控制	是否能控制合法用户按权限访问自己或他人共享的数据等资源
f_{11}	数据销毁/删除	是否能够彻底删除或销毁用户要求删除的数据，保证不会被恶意恢复或重建
f_{12}	数据加密	是否能够对用户传输、存储以及使用过程中的数据进行加密
f_{13}	数据恢复与备份	是否能够对用户数据进行实时备份，当突发事件等情况造成数据损坏或不可用时，能够及时恢复用户数据，保证数据安全性与云服务可靠性
f_{14}	数据隔离	是否有完善的数据隔离机制来保证用户与用户之间的数据被完全隔离和互不可见
f_{15}	入侵检测与防范	是否有完善的机制及时发现、处理、预防一系列的入侵以及攻击行为
f_{16}	病毒查杀	是否有措施能够及时查杀、隔离存在于软件、数据等资源中的病毒
f_{17}	持续正确服务时间	云服务持续、正常服务的最长时间
		用户对订购的云服务持续、正常运行的最长时间是否满意

续表

编号	因素名称	因素描述
f_{18}	软硬件故障监控/恢复	是否有能力对云服务所涉及的软件、硬件进行实时监控，当某一软件或硬件发生故障时，能够及时定位并了解故障原因，从而快速诊断和恢复正常
f_{19}	资金实力	运营商是否有足够的运营资金保证云服务业务可持续发展
f_{20}	营收状况	运营商在云服务业务方面的收入是否大于支出，长久保持营利状态
f_{21}	技术水平	运营商是否有足够的技术人才储备以保证云服务业务可持续发展
f_{22}	业内经验	运营商发展云服务业务以来是否有一定的时间及经验积累
f_{23}	发展战略	运营商是否有详细的、长远的云服务业务发展战略或计划
f_{24}	可兼容性	用户对云服务系统与终端设备的可兼容性、稳定性是否满意
f_{25}	服务状况（服务质量）	用户对公司售后服务态度、速度、解决问题力度以及服务计量的准确性等是否满意
f_{26}	价格	用户对使用的云服务资费是否满意
f_{27}	需求质量	云服务商提供的云服务可根据用户需求订制服务的状况，包括订制空间大小，内容量等
		云服务商所提供的云服务是否与用户自己真正的需求吻合
f_{28}	可操作性	云服务的操作界面是否美观且便于用户操作
f_{29}	响应时间（传输速度）	用户在使用过程中对云服务的传输速度以及响应时间是否满意
f_{30}	可针对性	用户所订购的云服务能否针对用户的特殊需求提供特色服务

第 10 章 | 基于信息熵和马尔可夫链的云服务可信性度量

云服务可信性属性模型从各角度对云服务的可信性进行了详细的描述, 解决了云服务可信性难以全面描述的问题。但是, 描述仅反映了哪些因素会影响云服务的可信性, 仍然无法掌握云服务的可信程度。相比定性的描述, 可信性度量将更能够准确地反映各因素之间的相互关系及其特征, 为云服务的管理决策提供重要的参考, 帮助决策者找到问题的关键。

然而, 影响云服务可信性的因素并不如自然科学中的具体的研究对象, 它只是一个抽象的概念, 并且具有不确定性、多态性、必然性和损失性等复杂特点, 虽然已对这些因素以及因素之间的关系进行了描述, 但是要对这些因素进行量化并不是一项简单的研究工作, 它既是本书的研究重点和创新内容, 同时也是本书的研究难点。

因此, 本章将在之前所提出的云服务可信性属性模型的基础上, 针对云服务可信因素之间存在不确定性以及关联性等特点, 建立基于信息熵与马尔可夫链的云服务可信性度量模型, 该模型可计算属性模型中各因素的不确定性程度, 对云服务可信性的影响程度以及云服务商的可信等级。通过该度量模型的度量结果, 云服务商可清楚地了解哪些方面需要重点维护以及自身存在的不足, 从而有针对性地对云服务进行改进和维护, 提高云服务的可信度。除此之外, 还可以供用户选择可信的云服务做参考, 从而推动云服务的发展与应用。

在 9.4 节中, 已经构建了云服务可信性属性模型, 度量可信性的前提条件是将云服务可信属性模型中的因素进行量化, 但是在其量化过程中, 一般都是由专家进行估计, 过多地依赖于专家知识积累和经验, 这就使得可信性度量所得结果可能存在人为偏差较大的情况。鉴于此, 本书拟采用信息熵的计算方法对云服务可信性进行度量, 从而有效避免在对云服务可信性因素量化时人为主观因素过高的弊端。

然而, 仅仅依靠信息熵理论仍然是不够的, 虽然它能在一定程度上减少研究过程中人为主观估计对可信性度量的影响, 但是却不足以满足云服务可信性的特点, 在云服务实际的运营过程当中, 除了单个可信性因素可能影响云服务可信性之外, 往往会忽略了多个云服务可信性因素可能同时影响云服务的可信性, 这样度量得到的结果可能与实际的云服务可信性状态存在偏差，不能够真实反映云服务的可信性状态。

因此，本书基于信息熵理论与马尔可夫链建立度量模型，以各因素之间的关联性和相关性为前提，详细计算和分析各可信因素的不确定性程度、影响程度以及可信程度，使得度量结果更为符合实际过程中云服务可信性的特点，为云服务可信性管理提供切实客观的数据支撑。

10.1　云服务可信性度量过程

（1）度量指标量化

由图 9-3 云服务可信性属性模型可知，所列举的指标均是定性的，但为了度量工作的展开，必须对其进行量化，为了保证量化的准确性，将根据云服务商所提供的关于可信性的证明材料，按照表 10-1 和表 10-2 赋予指标值。

表 10-1　可信因素引发不可信问题频率评测表

等级	赋值	描述
频率极高	4～5	该因素造成云服务不可信问题出现的频率极高，几乎无法避免
频率较高	3～4	该因素造成云服务不可信问题出现的频率较高，大多数情况下都会发生
频率中等	2～3	该因素造成云服务不可信问题出现的频率一般，在某种情况下可能发生
频率较低	1～2	该因素造成云服务不可信问题出现的频率较低，少数情况下会发生
频率低	0～1	该因素造成云服务不可信问题出现的频率极低，几乎不会发生

表 10-2　云服务可信因素影响程度评测表

等级	赋值	描述
高	4～5	云服务商针对该因素所实施的措施或技术存在极其严重缺陷，其会对云服务的可信性造成严重影响
较高	3～4	云服务商针对该因素所实施的措施或技术存在较严重缺陷，其会对云服务可信性造成比较严重的影响
中等	2～3	云服务商针对该因素所实施的措施或技术存在部分缺陷，其会对云服务可信性造成中等程度的影响
较低	1～2	云服务商针对该因素所实施的措施或技术存在少数缺陷，其会对云服务可信性造成较低程度的影响
低	0～1	云服务商针对该因素所实施的措施或技术几乎不存在缺陷，其会对云服务可信性造成很低程度的影响

上述可得到 $F_1 \sim F_5$ 五个方面所涉及因素的值，但是，由于 F_6 与其他方面的因素不同，故其所涉及的可信因素是用户在订制和使用该云服务之后进行评价和打分，评测机制按表 10-3 所示进行。

表 10-3　用户满意程度调查表

编号	可信性因素	用户满意度				
		①	②	③	④	⑤
		4 ~ 5	3 ~ 4	2 ~ 3	1 ~ 2	0 ~ 1
f_{17}	您对订购的云服务持续正常服务时间是否满意?					
f_{25}	您对云服务公司的售后服务态度、速度、解决问题的能力、服务的准确性是否满意?					
f_{26}	您对所订购的云服务的价格是否满意?					
f_{27}	云服务商提供的云服务是否能够符合您的实际需求?					
f_{28}	云服务的操作界面是否符合您的操作习惯?					
f_{29}	您对使用过程中的传输速度和响应时间是否满意?					
f_{30}	您是否能根据自己的特殊需求定制个性化的云服务?					

注：①、②、③、④、⑤分别代表不满意、不太满意、满意、较满意及非常满意。

至此，属性模型中所有的影响云服务可信性的因素均已赋值，接下来，将对其进行度量。

（2）基于信息熵的度量

云服务系统是一个复杂的系统，其可信度所涉及的因素对云服务可信性的影响具有一定的不确定性，为了解决这一问题，本书使用信息熵来计算各可信因素类对于可信度量的不确定性程度以及影响程度，具体方法和步骤如下。

第一步　计算不确定性程度。

P_j 表示云服务可信性属性模型中第 j 项可信因素引发云服务不可信问题的频率，P_{ij} 则表示第 i 类下第 j 项引发云服务不可信问题的频率，将 P_{ij} 进行归一化：

$$P'_{ij} = \frac{P_{ij}}{\sum_{j=1}^{m} P_{ij}} \tag{10-1}$$

式中，m 为第 i 类可信因素类所包含的可信因素的数量，$\sum\limits_{j=1}^{m} P'_{ij}=1$。

那么，第 i 类可信因素类的不确定性程度能够根据下列熵进行度量：

$$H_i = -\frac{1}{\log_2 m}\sum_{j=1}^{m}P'_{ij}\log_2 P'_{ij} \qquad (10\text{-}2)$$

式中，$0 \leqslant H_i \leqslant 1$，其熵值越大，说明相应的可信因素类 F_i 对可信度量的不确定性程度就越大。

第二步　计算影响程度。

上述步骤计算了不确定性程度，在度量过程中，需要考虑各因素对云服务可信性的影响程度，用 I_j 表示第 j 项可信因素对云服务可信性的影响程度，计算方法如下：

$$\bar{I}_i = \sum_{j=1}^{m} P'_{ij} I_j \qquad (10\text{-}3)$$

其值越大，说明第 i 类可信因素类对云服务可信性影响越大，带来的不可信问题越多。

第三步　计算可信等级。

$$T_i = H_i \bar{I}_i \qquad (10\text{-}4)$$

然后，将计算得到的值与图 10-1 进行对比，即可得到第 i 类可信因素类的可信等级，其值越大，说明该因素类对云服务可信性影响越大，造成的不可信问题越多，越不可信。

图 10-1　云服务可信区间以及可信值

（3）基于马尔可夫链与信息熵的度量

已知，在实际的过程中与云服务可信性相关的因素有很多，而这些因素之间均是相互独立的，这就决定了云服务可信性问题发生的随机性。当某个因素发生变化时，它可能是单独发生，也可能是与其余因素同时变化，存在多种可能的随机状态。如图 9-3 所示，第 3 层的各因素之间是相互独立的，而某些因素与第二层的因素具有一定的联系，因此，当第三层中的某个因素变化时，可能造成第二层的一个或多个因素随之变化，这取决于因素相互之间的关联。所以，为了能够准确地描述云服务的整体可信性，本书采用马尔可夫链的研究方法，结合本书所提出的可信属性模型，根据它们之间的相互关联性，进而通过定量分析得到在稳定状态下第二层的各类因素变化的概率。

第一步 建立状态转移矩阵 Q。

根据第（2）小节，可得到各因素引发云可信问题的频率 P_j，并进行归一化之后，得到状态转移矩阵 γ：

$$Q = \begin{bmatrix} q_{11} & q_{12} & \cdots & q_{1n} \\ q_{21} & q_{22} & \cdots & q_{2n} \\ \vdots & \vdots & & \vdots \\ q_{n1} & q_{n2} & \cdots & q_{nn} \end{bmatrix} \tag{10-5}$$

式中，n 为可信因素类别的数量；q_{ij}（$i=j$）表示各类可信因素单独影响云服务可信性的概率；q_{ij}（$i \neq j$）则表示第 i 类可信因素影响云服务可信性是第 j 类也同时影响的概率。

第二步 归一化处理。

进一步对 Q 中每一行进行归一化处理，则云服务可信因素（F）类的归一化后的转移矩阵 γ 为

$$\gamma = \begin{bmatrix} \dfrac{q_{11}}{\sum\limits_{j=1}^{n} q_{1j}} & \dfrac{q_{12}}{\sum\limits_{j=1}^{n} q_{1j}} & \cdots & \dfrac{q_{1n}}{\sum\limits_{j=1}^{n} q_{1j}} \\ \dfrac{q_{21}}{\sum\limits_{j=1}^{n} q_{2j}} & \dfrac{q_{22}}{\sum\limits_{j=1}^{n} q_{2j}} & \cdots & \dfrac{q_{2n}}{\sum\limits_{j=1}^{n} q_{2j}} \\ \vdots & \vdots & & \vdots \\ \dfrac{q_{n1}}{\sum\limits_{j=1}^{n} q_{nj}} & \dfrac{q_{n2}}{\sum\limits_{j=1}^{n} q_{nj}} & \cdots & \dfrac{q_{nn}}{\sum\limits_{j=1}^{n} q_{nj}} \end{bmatrix} = \begin{bmatrix} q'_{11} & q'_{12} & \cdots & q'_{1n} \\ q'_{21} & q'_{22} & \cdots & q'_{2n} \\ \vdots & \vdots & & \vdots \\ q'_{n1} & q'_{n2} & \cdots & q'_{nn} \end{bmatrix} \tag{10-6}$$

第三步 计算稳态概率。

假设各类可信因素在稳定状态下的概率为：$\pi_i = (\pi_1, \pi_2, \pi_3, \cdots, \pi_n)$，$\sum \pi_i = 1$，则转移矩阵 γ 和稳态概率能使以下方程组成立：

$$\begin{cases} \pi_1 = q'_{11}\pi_1 + q'_{21}\pi_2 + q'_{31}\pi_3 + \cdots + q'_{n1}\pi_n \\ \pi_2 = q'_{12}\pi_1 + q'_{22}\pi_2 + q'_{32}\pi_3 + \cdots + q'_{n2}\pi_n \\ \pi_3 = q'_{13}\pi_1 + q'_{23}\pi_2 + q'_{33}\pi_3 + \cdots + q'_{n3}\pi_n \\ \quad\quad\quad\quad\quad \cdots \\ \pi_n = q'_{1n}\pi_1 + q'_{2n}\pi_2 + q'_{3n}\pi_3 + \cdots + q'_{nn}\pi_n \end{cases} \tag{10-7}$$

通过求解上述方程组，便能够得到属性模型中，第二层各类风险的稳态概率：

$$\pi_i, \ i = 1, 2, \cdots, n, \ \sum_{i=1}^{n} \pi_i = 1$$

该值的计算引入了各因素之间相互关联的考虑，其中，当 π_i 越大时，则说明在云服务稳定运营状态下，该类因素较之其余因素发生变化的概率越大，是当前云服务环境下威胁频率最高的因素；反之，当 π_i 越小时，则说明该类因素发生变化的概率越小，过程变化的可能性越小。

第四步　计算整体不确定性程度：

$$H = -\sum_{i=1}^{n} \pi_i \log_2 \pi_i \qquad (10\text{-}8)$$

第五步　计算整体影响程度：

$$\bar{I} = \sum_{i=1}^{n} \pi_i \bar{I}_i \qquad (10\text{-}9)$$

$$T = H\bar{I} \qquad (10\text{-}10)$$

同理，得到 T 值之后，结合图 10-1 即可确定云服务可信等级。

综上，如图 10-2 所示，所有的度量环节会涉及用户、云服务商以及度量中心，云服务商发起云服务可信性度量申请，度量中心同意之后，云服务商按照度

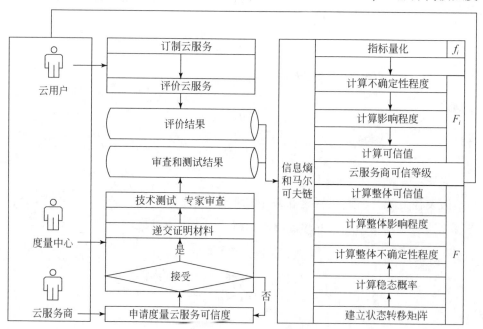

图 10-2　云服务可信性度量过程

量指标递交相应的证明材料，度量中心对需要度量的云服务进行测试、审查，同时针对云用户的评价结果，最终基于信息熵和马尔可夫链建立的模型进行度量，得到最终的云服务商可信等级。

10.2 云服务可信性度量模型

综上所述，整个云服务可信度量模型如图 10-3 所示。

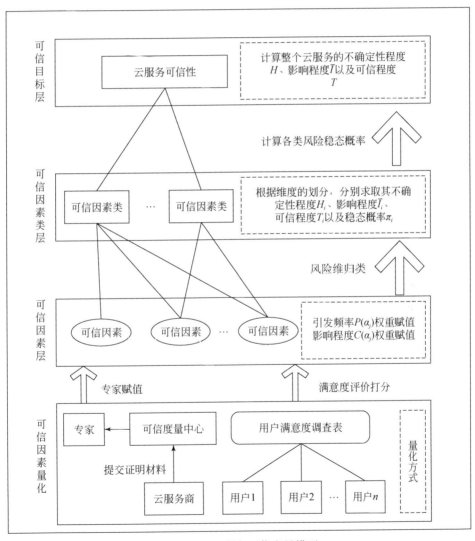

图 10-3 云服务可信度量模型

10.3 案例研究

10.3.1 案例研究过程

第一步 云服务可信性因素量化。

某云服务商已稳定运行 8 个月，并积累了大量的云用户，由于市场竞争激烈，故决定让用户充分了解其服务的可信性，以此来吸引更多的新用户。所以，该云服务商向独立于云服务商以及云用户的第三方度量机构（与用户和云服务商完全没有利益冲突）提出可信度量申请，申请通过之后，云服务商依据可信属性模型向度量机构提供相应的证明材料（功能、条款、等级协议、系统设计方案、资质、财务等），然后第三方度量机构派出专家组对云服务商进行实地考察以及技术测试，从而验证证明材料与实际测试结果的一致性，最后严格按照表 10-1、表 10-2 对可信因素进行打分。其中，由于 F_6 涉及用户的满意度，专家组使用表 10-3 所示的问卷调查表对该云服务商的老用户进行网络调查，并将得到的数据运用加权平均法进行计算，最终得到表 10-4、表 10-5 所示的数据。

表 10-4 相关调查数据

可信因素	可信因素名称	频率评测数据 P_j	影响程度评测数据 I_j
f_1	服务条款	2.5	4.1667
f_2	服务审查	1.4	2.3333
f_3	服务使用量/时间	1.0	1.0000
f_4	数据存储位置	2.0	2.6667
f_5	数据备份量	2.3	4.3333
f_6	数据使用详情	1.5	3.3333
f_7	数据持久性	1.5	1.0000
f_8	数据迁移	1.5	4.0000
f_9	身份认证	1.5	1.3333
f_{10}	访问控制	2.0	2.3333
f_{11}	数据销毁/删除	2.5	3.6667
f_{12}	数据加密	1.5	2.3333

续表

可信因素	可信因素名称	频率评测数据 P_j	影响程度评测数据 I_j
f_{13}	数据恢复与备份	2.0	1.2000
f_{14}	数据隔离	2.0	3.1667
f_{15}	入侵检测与防范	1.5	1.6667
f_{16}	病毒查杀	2.5	3.1667
f_{17}	持续正确服务时间	1.5	1.8333
f_{18}	软硬件故障监控/恢复	2.0	2.0000
f_{19}	资金实力	2.5	2.3333
f_{20}	营收状况	2.5	0.9333
f_{21}	技术水平	2.0	2.0000
f_{22}	业内经验	0.5	1.5000
f_{23}	发展战略	2.0	3.0000
f_{24}	可兼容性	2.5	1.5000
f_{25}	服务状况（服务质量）	1.5	3.6667
f_{26}	价格	2.0	2.0000
f_{27}	需求质量	1.5	2.0000
f_{28}	可操作性	1.0	1.0000
f_{29}	响应时间（传输速度）	2.0	1.5000
f_{30}	可针对性	3.0	4.0000

第二步 计算不确定性程度。

根据云服务可信属性模型的划分，分别从云服务可控性、云服务可视性、云服务安全性、云服务可靠性、云服务商生存能力以及用户满意度六个维度展开分析，将以上所涉及的 30 个风险因素分别归类，并按照式（10-1）进行归一化处理，然后通过式（10-2）计算各类因素的不确定性程度，得到如下所示结果。

（1）云服务可控性

由图 9-3 云服务可信性属性模型可知，F_1 所涉及的可信因素分别有：f_1，f_2，f_9，f_{10}，f_{12}，f_{18}，即如图 10-4 所示。

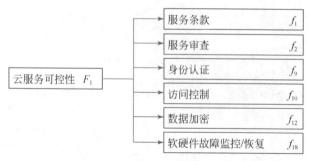

图 10-4　云服务可控性因素

图 10-4 清晰地展示了云服务可控性这个因素类所涉及的 6 个可信因素，因此，则该类（$i=1$）所涉及的因素发生频率（P_j，$j=1$，2，3，4，5，6）为 P_{1j}，然后通过式（10-1）即可得到 P'_{ij} 所对应的值，具体如表 10-5 所示。

表 10-5　云服务可控性因素熵权系数

因素类别	可信因素	因素名称	发生频率权 P_{1j}	类熵权系数 P'_{ij}
云服务可控性	f_1	服务条款	2.5	0.2294
	f_2	服务审查	1.4	0.1284
	f_9	身份认证	1.5	0.1376
	f_{10}	访问控制	2.0	0.1835
	f_{12}	数据加密	1.5	0.1376
	f_{18}	软硬件故障监控/恢复	2.0	0.1835

根据式（10-2）计算该可信因素类的不确定性程度 H_i。即云服务可控性的不确定性程度：

$$H_1 = -\frac{1}{\log_2 6}\sum_{j=1}^{6} P'_{1j}\log_2 P'_{1j} = 0.9875$$

（2）云服务可视性

由图 9-3 云服务可信性属性模型可知，F_2 所涉及的可信因素分别有：f_2，f_3，f_4，f_5，f_6，即如图 10-5 所示：

图 10-5 清晰地展示了云服务可视性这个因素类所涉及的 5 个可信因素，因此，则该类（$i=2$）所涉及的因素发生频率（P_j，$j=1$，2，3，4，5）为 P_{2j}，然后通过式（10-1）即可得到 P'_{ij} 所对应的值，具体如表 10-6 所示。

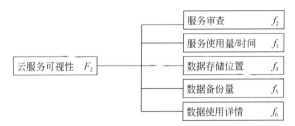

图 10-5　云服务可视性因素

表 10-6　云服务可视性因素熵权系数

因素类别	可信因素	因素名称	发生频率 P_{2j}	类熵权系数 P'_{ij}
云服务 可视性	f_2	服务审查	1.4	0.1707
	f_3	服务使用量/时间	1.0	0.1220
	f_4	数据存储位置	2.0	0.2439
	f_5	数据备份量	2.3	0.2805
	f_6	数据使用详情	1.5	0.1829

根据式（10-2）计算该可信因素类的不确定性程度 H_i。即云服务可视性的不确定性程度：

$$H_2 = -\frac{1}{\log_2 5}\sum_{j=1}^{5} P'_{2j}\log_2 P'_{2j} = 0.9754$$

（3）云服务安全性

由图 9-3 云服务可信性属性模型可知，F_3 所涉及的可信因素分别有：f_7，f_8，f_9，f_{10}，f_{11}，f_{12}，f_{13}，f_{14}，f_{15}，f_{16}，即如图 10-6 所示：

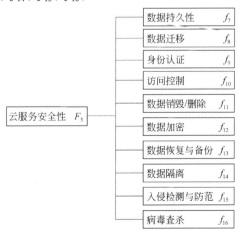

图 10-6　云服务安全性因素

图 10-6 清晰地展示了云服务安全性这个因素类所涉及的 10 个可信因素，因此，则该类（$i=3$）所涉及的因素发生频率（P_j，$j=1$，2，3，…，10）为 P_{3j}，然后通过式（10-1）即可得到 P'_{ij} 所对应的值，具体如表 10-7 所示。

表 10-7　云服务安全性因素熵权系数

因素类别	可信因素	因素名称	发生频率 P_{3j}	类熵权系数 P'_{ij}
云服务安全性	f_7	数据持久性	1.5	0.0811
	f_8	数据迁移	1.5	0.0811
	f_9	身份认证	1.5	0.0811
	f_{10}	访问控制	2.0	0.1081
	f_{11}	数据销毁/删除	2.5	0.1351
	f_{12}	数据加密	1.5	0.0811
	f_{13}	数据恢复与备份	2.0	0.1081
	f_{14}	数据隔离	2.0	0.1081
	f_{15}	入侵检测与防范	1.5	0.0811
	f_{16}	病毒查杀	2.5	0.1351

根据式（10-2）计算该可信因素类的不确定性程度 H_i。即云服务安全性的不确定性程度：

$$H_3 = -\frac{1}{\log_2 10}\sum_{j=1}^{10} P'_{3j}\log_2 P'_{3j} = 0.9906$$

（4）云服务可靠性

由图 9-3 云服务可信性属性模型可知，F_4 所涉及的可信因素分别有：f_{13}，f_{17}，f_{18}，f_{21}，f_{22}，即如图 10-7 所示：

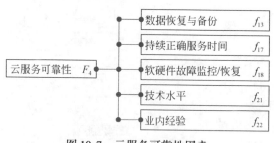

图 10-7　云服务可靠性因素

图 10-7 清晰地展示了云服务可靠性这个因素类所涉及的 5 个可信因素，因此，则该类（$i=4$）所涉及的因素发生频率（P_j，$j=1$，2，3，4，5）为 P_{4j}，然后通过式（10-1）即可得到 P'_{ij} 所对应的值，具体如表 10-8 所示。

表 10-8　云服务可靠性因素熵权系数

因素类别	可信因素	因素名称	发生频率 P_{4j}	类熵权系数 P'_{ij}
	f_{13}	数据恢复与备份	2.0	0.2500
	f_{17}	持续正确服务时间	1.5	0.1875
云服务可靠性	f_{18}	软硬件故障监控/恢复	2.0	0.2500
	f_{21}	技术水平	2.0	0.2500
	f_{22}	业内经验	0.5	0.0625

根据式（10-2）计算该可信因素类的不确定性程度 H_i。即云服务可靠性的不确定性程度：

$$H_4 = -\frac{1}{\log_2 5}\sum_{j=1}^{5} P'_{4j}\log_2 P'_{4j} = 0.9487$$

（5）云服务商生存能力

由图 9-3 云服务可信性属性模型可知，F_5 所涉及的可信因素分别有：f_{19}，f_{20}，f_{21}，f_{22}，f_{23}，f_{24}，f_{27}，即如图 10-8 所示：

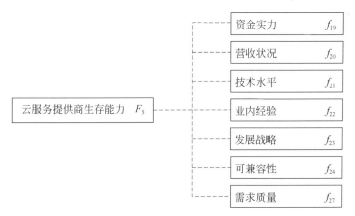

图 10-8　云服务商生存能力因素

图 10-8 清晰地展示了云服务商生存能力这个因素类所涉及的 7 个可信因素，因此，则该类（$i=5$）所涉及的因素发生频率（P_j，$j=1$，2，…，7）为 P_{5j}，然

后通过式（10-1）即可得到 P'_{ij} 所对应的值，具体如表 10-9 所示。

表 10-9　云服务商生存能力因素熵权系数

因素类别	可信因素	因素名称	发生频率 P_{5j}	类熵权系数 P'_{ij}
云服务商生存能力	f_{19}	资金实力	2.5	0.1852
	f_{20}	营收状况	2.5	0.1852
	f_{21}	技术水平	2.0	0.1481
	f_{22}	业内经验	0.5	0.0371
	f_{23}	发展战略	2.0	0.1481
	f_{24}	可兼容性	2.5	0.1852
	f_{27}	需求质量	1.5	0.1111

根据式（10-2）计算该可信因素类的不确定性程度 H_i。即云服务可靠性的不确定性程度：

$$H_5 = -\frac{1}{\log_2 7}\sum_{j=1}^{7} P'_{5j}\log_2 P'_{5j} = 0.9604$$

（6）用户满意度

由图 9-3 云服务可信性属性模型可知，F_6 所涉及的可信因素分别有：f_{17}，f_{25}，f_{26}，f_{27}，f_{28}，f_{29}，f_{30}，即如图 10-9 所示：

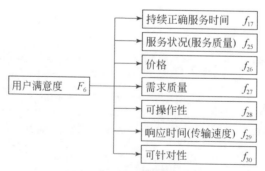

图 10-9　用户满意度因素

图 10-9 清晰地展示了用户满意度这个因素类所涉及的 7 个可信因素，因此，则该类（$i=6$）所涉及的因素发生频率（P_j，$j=1$，2，…，7）为 P_{6j}，然后通过式（10-1）即可得到 P'_{ij} 所对应的值，具体如表 10-10 所示。

表 10-10　用户满意度因素熵权系数

因素类别	可信因素	因素名称	发生频率 P_{6j}	类熵权系数 P'_{ij}
用户满意度	f_{17}	持续正确服务时间	1.5	0.1200
	f_{25}	服务状况（服务质量）	1.5	0.1200
	f_{26}	价格	2.0	0.1600
	f_{27}	需求质量	1.5	0.1200
	f_{28}	可操作性	1.0	0.0800
	f_{29}	响应时间（传输速度）	2.0	0.1600
	f_{30}	可针对性	3.0	0.2400

根据式（10-2）计算该可信因素类的不确定性程度 H_i。即云服务可靠性的不确定性程度：

$$H_6 = -\frac{1}{\log_2 7} \sum_{j=1}^{7} P'_{6j} \log_2 P'_{6j} = 0.9735$$

H_1、H_2、H_3、H_4、H_5、H_6分别描述了云服务可控性、云服务可视性、云服务安全性、云服务可靠性、云服务商生存能力以及用户满意度六个维度对云服务可信性的不确定性程度。其值越大，说明该可信因素类对云服务的可信性不确定性越大，对该类涉及的影响可信性方面的问题进行维护和管理所需要花费的时间和财力更多。

第三步　计算影响程度。

上述已经计算得到了各类可信因素的不确定性程度，然后根据式（10-3），即可得到各因素对应的影响程度（$\bar{I}_i$），计算过程分别如下所示。

- 云服务可控性：$\bar{I}_1 = \sum_{j=1}^{6} P'_{1j} I_j = 2.5550$

- 云服务可视性：$\bar{I}_2 = \sum_{j=1}^{5} P'_{2j} I_j = 2.9959$

- 云服务安全性：$\bar{I}_3 = \sum_{j=1}^{10} P'_{3j} I_j = 2.7049$

- 云服务可靠性：$\bar{I}_4 = \sum_{j=1}^{5} P'_{4j} I_j = 1.7375$

- 云服务商生存能力：$\bar{I}_5 = \sum_{j=1}^{7} P'_{5j} I_j = 1.9012$

- 用户满意度：$\bar{I}_6 = \sum_{j=1}^{7} P'_{6j} I_j = 2.5000$

$\bar{I}_1$、$\bar{I}_2$、$\bar{I}_3$、$\bar{I}_4$、$\bar{I}_5$、$\bar{I}_6$分别描述了云服务可控性、云服务可视性、云服务安

全性、云服务可靠性、云服务商生存能力以及用户满意度六个维度对云服务可信性所造成的影响程度。其值越大，说明该可信因素类对云服务的可信性影响越大。

第四步　计算可信等级。

至此，已经计算得到了各类可信因素对应的不确定性程度和影响程度，因此，根据式（10-4）即可得到各类因素对应的可信值和可信等级，计算过程分别如下所示。

1）各因素类的可信值如下。

- 云服务可控性可信值：$T_1 = H_1 \bar{I}_1 = 2.5231$

- 云服务可视性可信值：$T_2 = H_2 \bar{I}_2 = 2.9222$

- 云服务安全性可信值：$T_3 = H_3 \bar{I}_3 = 2.6795$

- 云服务可靠性可信值：$T_4 = H_4 \bar{I}_4 = 1.6484$

- 云服务商生存能力可信值：$T_5 = H_5 \bar{I}_5 = 1.8260$

- 用户满意度可信值：$T_6 = H_6 \bar{I}_6 = 2.4337$

2）根据可信值，然后对比图 10-1，即可得到各因素类对应的可信等级。

- 云服务可控性所属可信等级：一般可信

- 云服务可视性所属可信等级：一般可信

- 云服务安全性所属可信等级：一般可信

- 云服务可靠性所属可信等级：比较可信

- 云服务商生存能力所属可信等级：比较可信

- 用户满意度所属可信等级：一般可信

T_1、T_2、T_3、T_4、T_5、T_6 分别对应了云服务可控性、云服务可视性、云服务安全性、云服务可靠性、云服务商生存能力以及用户满意度六个维度的可信值以及可信等级。其值越大，说明该可信因素类对云服务的可信性影响越大，造成的不可信问题越多，越不可信。

第五步　计算稳态概率。

在第一步中，已经得到了 P_j，再结合云服务可信因素之间的关系，通过式（10-6）即可得到状态转移矩阵 γ：

$$\gamma = \begin{bmatrix} 0.2294 & 0.1284 & 0.4587 & 0.1835 & 0.0000 & 0.0000 \\ 0.1707 & 0.8293 & 0.0000 & 0.0000 & 0.0000 & 0.0000 \\ 0.2439 & 0.0000 & 0.6585 & 0.0976 & 0.0000 & 0.0000 \\ 0.3077 & 0.0000 & 0.3077 & 0.0000 & 0.3846 & 0.0000 \\ 0.0000 & 0.0000 & 0.0000 & 0.1852 & 0.7037 & 0.1111 \\ 0.0000 & 0.0000 & 0.0000 & 0.1200 & 0.1200 & 0.7600 \end{bmatrix}$$

然后，结合状态转移矩阵 γ 与方程组（10-7），即可得到稳态概率（π_i）：

- 云服务可控性的稳态概率：$\pi_1 = 0.1778$
- 云服务可视性的稳态概率：$\pi_2 = 0.1338$
- 云服务安全性的稳态概率：$\pi_3 = 0.3344$
- 云服务可靠性的稳态概率：$\pi_4 = 0.1061$
- 云服务商生存能力的稳态概率：$\pi_5 = 0.1694$
- 用户满意度的稳态概率：$\pi_6 = 0.0781$

π_1、π_2、π_3、π_4、π_5、π_6 分别表示了云服务可控性、云服务可视性、云服务安全性、云服务可靠性、云服务商生存能力以及用户满意度六个维度对应的稳态概率，该值的计算引入了各因素之间相互关联的考虑，其中，当 π_i 越大时，则说明在云服务稳定运营状态下，该类因素较之其余因素发生变化的概率越大，是当前云服务环境下引发不可信问题频率最高的因素；反之，当 π_i 越小时，则说明该类因素发生变化的概率越小，过程变化的可能性越小。

第六步　计算整体不确定性程度。

将 π_i 通过式（10-8）计算之后，即可得到该云服务整体的不确定性程度：

$$H = - \sum_{i=1}^{6} \pi_i \log_2 \pi_i = 0.7298$$

第七步　计算整体影响程度。

将 π_i 与 $\bar{I_i}$ 代入式（10-9），即可得到该云服务整体的影响程度：

$$\bar{I} = \sum_{i=1}^{6} \pi_i \bar{I_i} = 2.4610$$

第八步　计算整体可信等级。

将上述得到的 H 与 $\bar{I}$ 代入式（10-10），即可得到该云服务整体的可信值：

$$T = H \bar{I} = 1.7960$$

同理，将所得的值与图 10-1 进行对比，可知该云服务的可信等级为：比较可信。

通过度量结果可知，该云服务商的整体可信等级为：比较可信，为了给用户创造一个更加可信的云服务环境，决定对云服务存在缺陷的地方进行整改，再次进行度量。

如图 10-10 所示，假设以 2.5 作为影响程度的临界值，f_1、f_4、f_5 等 11 个元素的影响程度值都大于 2.5，依据表 10-4 可知，该云服务商针对这些因素所做的措施或技术存在诸多缺陷，会给云服务的可信性造成中等及以上程度的影响，基于此，将从以下几个方面进行完善。

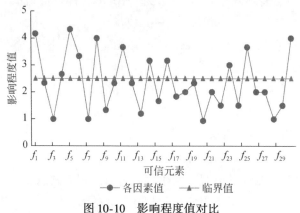

图 10-10   影响程度值对比

整改内容 1：对 f_1、f_4、f_5 等因素所涉及的问题进行整改，完善安全技术或措施以增强云服务的安全性、可靠性等。

整改内容 2：按照云服务实际情况，编写使用方法、技术架构、运营情况等文档，让用户充分了解和掌握云服务商的能力，从而为用户创造一个可视性、体验性更好的云服务。

整改内容 3：加强与用户的交互，积极听取并采纳用户建议，提高服务质量，保证用户遇到问题，能够快速联系云服务商并顺利解决。

通过上述 3 个方面的整改，并稳定运行 5 个月之后，该云服务商再次提出度量请求，并提交新的材料之后，同样的专家组用上述同样的方法对云服务商重新进行技术测试以及用户满意度问卷调查，最终得到的数据如表 10-11 所示，由于各因素引发不可信问题的频率是一样的，故未重新获取频率值，均采用表 10-4 所示的数据。

表 10-11   整改后相关调查数据

可信因素	可信因素名称	频率评测数据 P_j	影响程度评测数据 I_j
f_1	服务条款	2.5	2.0000

可信因素	可信因素名称	频率评测数据 P_j	影响程度评测数据 I_j
f_2	服务审查	1.4	1.0000
f_3	服务使用量/时间	1.0	0.6700
f_4	数据存储位置	2.0	1.0000
f_5	数据备份量	2.3	0.6700
f_6	数据使用详情	1.5	1.0000
f_7	数据持久性	1.5	0.5000
f_8	数据迁移	1.5	1.0000
f_9	身份认证	1.5	0.0000
f_{10}	访问控制	2.0	0.5000
f_{11}	数据销毁/删除	2.5	2.0000
f_{12}	数据加密	1.5	1.0000
f_{13}	数据恢复与备份	2.0	0.6700
f_{14}	数据隔离	2.0	2.0000
f_{15}	入侵检测与防范	1.5	0.5000
f_{16}	病毒查杀	2.5	1.3300
f_{17}	持续正确服务时间	1.5	1.5000
f_{18}	软硬件故障监控/恢复	2.0	1.0000
f_{19}	资金实力	2.5	0.5000
f_{20}	营收状况	2.5	2.0000
f_{21}	技术水平	2.0	2.0000
f_{22}	业内经验	0.5	0.0000
f_{23}	发展战略	2.0	1.5000
f_{24}	可兼容性	2.5	1.0000
f_{25}	服务状况（服务质量）	1.5	0.5000
f_{26}	价格	2.0	1.3300
f_{27}	需求质量	1.5	1.3300
f_{28}	可操作性	1.0	1.0000
f_{29}	响应时间（传输速度）	2.0	0.6700
f_{30}	可针对性	3.0	2.0000

同理，将这些评测数据代入上述的公式，即可得到以下内容。

1）各因素类的不确定性程度如下。

- 云服务可控性：$H_1 = 0.9875$；
- 云服务可视性：$H_2 = 0.9754$；
- 云服务安全性：$H_3 = 0.9906$；
- 云服务可靠性：$H_4 = 0.9487$；
- 云服务商生存能力：$H_5 = 0.9604$；
- 用户满意度：$H_6 = 0.9735$。

2）各因素类的影响程度如下：

- 云服务可控性：$\bar{I}_1 = 1.0000$；
- 云服务可视性：$\bar{I}_2 = 1.1477$；
- 云服务安全性：$\bar{I}_3 = 1.1274$；
- 云服务可靠性：$\bar{I}_4 = 1.1988$；
- 云服务商生存能力：$\bar{I}_5 = 1.3144$；
- 用户满意度：$\bar{I}_6 = 1.2796$。

3）各类可信因素的可信值：

- 云服务可控性：$T_1 = 0.9876$；
- 云服务可视性：$T_2 = 1.1194$；
- 云服务安全性：$T_3 = 1.1168$；
- 云服务可靠性：$T_4 = 1.1373$；
- 云服务商生存能力：$T_5 = 1.2624$；
- 用户满意度：$T_6 = 1.2457$。

4）各因素类对应的可信等级：

- 云服务可控性：非常可信；
- 云服务可视性：比较可信；
- 云服务安全性：比较可信；
- 云服务可靠性：比较可信；
- 云服务商生存能力：比较可信；
- 用户满意度：比较可信。

5）整体的不确定性程度：$H = 0.7298$。

6）整体的影响程度：$\overline{I}$=1.1581。

7）整体的可信值：T=0.8452。

8）整体的可信等级：非常可信。

最终，通过重新整改和再一次可信性度量后，该云服务商的可信等级由之前的"比较可信"上升了一个等级，变为"非常可信"，这也说明了该云服务商的可信程度很高，用户完全可以放心使用。

10.3.2 研究结果分析

经过以上的步骤，本书从不同层次、不同维度对该云服务商的可信性进行了分析，经过梳理得到如图 10-11 所示结果。

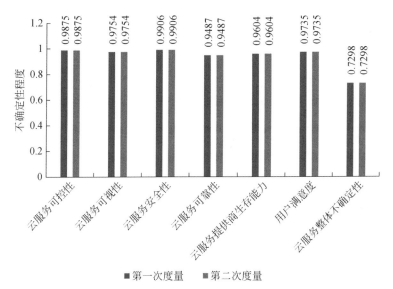

图 10-11 各类因素不确定性程度

由于之前假设各因素引发可信问题的频率是一样的，因此，两次度量的结果均一样。不确定性程度反映了云服务可信性的维护与控制难度，不确定性程度越高，云服务不可信问题发生的原因越不突出，关于可信性方面的维护与控制将越困难。如图 10-11 中所示，通过对比能够发现其中"云服务安全性"的不确定性程度相对最高，而"云服务可靠性"相对最低。

说明该云服务商涉及的六个方面的可信性因素中，"云服务可靠性"是目前相对比较好控制的，当有影响云服务可信性的事件发生时能够较为明确、直接地找到其原因，从而进行维护和管理。相比较，"云服务安全性"因素却并不好把握，说明要保障当前云服务的可信性，应该重视不确定性程度相对较高的可信性因素，在运营过程中，从可信因素涉及的各个方面去消除不确定性，然后再从确定性程度较高的角度对可信性因素进行改善是提高可信性最为容易和有效的途径。

除了对各因素的不确定性程度的对比，本书还对不同维度的影响程度（共 2 次度量）进行了对比（图 10-12）。第一次度量之后，可知"云服务可视性"和"云服务安全性"的影响程度分别为 $\bar{I}_2 = 2.9959$ 和 $\bar{I}_3 = 2.7049$，其相对高于其他四个维度，说明对于该云服务商而言，云服务的可视性与安全性更重要，在这两方面采取的措施存在一定的不足或缺陷，一旦云服务的可视性和安全性受到影响，对于整个云服务可信性的影响将是最大的。因此，该云服务商应该重点考虑影响云服务可视性和安全性的因素，加强在这两个方面的管理和维护，从而降低这两个方面对云服务可信性的影响程度。

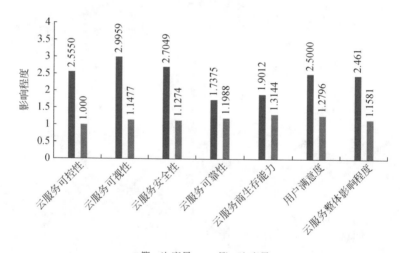

图 10-12　各类因素影响程度

通过对第一次度量结果进行分析，然后有针对性地进行第二次度量，得到如图 10-13 所示的各因素可信程度的对比结果，第二次度量结果明显小于第一次度量结果，说明各类可信因素的可信程度均降低了，其中，"云服务可视性"与"云服务安全性"的降幅是最明显的，也同时说明了该云服务商重点在这两个方面加强了管理和维护。因此，云服务的整体影响程度较之前也有了明显的下降。

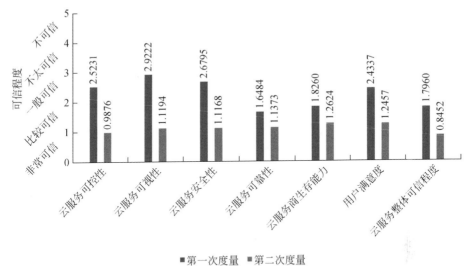

图 10-13　各类因素可信程度

对图 10-13 进一步分析，第一次度量之后，各可信因素类的可信值都偏大，都处于"比较可信"和"一般可信"这两个可信等级，其中，"云服务可视性"这个维度的可信值是最大的，达到了 2.9222，处于"一般可信"这个等级，趋近于"不太可信"这个等级，说明此类因素的可信性最低，影响了云服务的可信性，相比较，"云服务可靠性"这个维度的可信值最小，可信度最高，说明该云服务商在这个方面针对可信性做的工作相对比较完善，是值得信赖的。此外，云服务的整体可信值为 1.7960，可信等级为比较可信，说明该云服务还是比较值得信任，但是尚未达到"非常可信"这个程度，在可信性方面还有提升的空间。

通过第二次的度量之后，可以明显观察到该云服务涉及了各类可信因素的可信值相比第一次降低了很多，都处于"非常可信"和"比较可信"这两个等级内，最终的整体可信值为 0.8452，达到了"非常可信"这个等级，说明该云服务在可视性、可控性、安全性、可靠性、提供商生存能力以及用户满意度这六个维度做了非常好的维护和管理，具备了比较完善的措施或者技术，使得该云服务非常值得信赖，用户可以放心地使用该云服务。

综上所述，本书提出了云服务不确定性程度、影响程度以及可信程度的度量方法，并结合可信属性模型从云服务可视性、云服务可控性、云服务安全性、云服务可靠性、云服务商生存能力以及用户满意度六个维度对云服务的可信性进行了度量研究，提出了云服务可信度量模型，并代入了具体的案例中进行了量化分析，可以发现所得的度量结果对于整个云服务的可信性起到了非常直观的分析和解释作用，通过数据对比将能够清晰地了解到不同类别的可信因素对于云服务可信性的影响作用。

10.4 模型的优势及合理性

10.4.1 度量模型的优势

本书提出的云服务可信度量模型相对于以往的研究，其显现出的优势有以下几个方面。

1）建立了相对全面的云服务可信性属性模型。通过对现有文献、资料分析和研究，本书从云服务可视性、云服务可控性、云服务安全性、云服务可靠性、云服务商生存能力以及用户满意度六个维度建立了云服务可信性属性模型，该模型全面地，有层次、有目的地描述了影响云服务可信性的 30 个因素，相对于现有的关于云服务可信的研究，本书所建立的属性模型是全面的，能够详细地从各个方面描述云服务的可信性以及对可信性的影响情况。

2）定量对云服务商的可信性进行分析。首先，现有的研究主要是对云服务可信性问题进行梳理，然后提出相应的解决方法（技术或非技术措施），大部分是定性的研究。本书使用信息熵与马尔可夫链相结合的方法，能够定量地从各个层面分析云服务所处的环境，根据结果能够清晰地了解云服务可信性在哪些方面存在缺陷或不足，相比定性研究，本书的定量分析更加准确和直观。其次，现有研究中也存在少量的定量分析，但是这些研究均是对用户的行为进行定量分析，缺乏针对云服务商可信性的分析。总的来说，本书无论是研究内容还是研究的对象，均有一定的优势和创新。

3）考虑了各可信因素之间的关联性与不确定性。云服务的可信性是由多方面的因素决定的，单方面的因素只能决定某一个方面的可信性，同时，也不能排除不同方面的因素可能会同时决定云服务某一方面可信性的可能性，但是，现有的研究均将影响云服务可信性的因素划分为几个独立的因素类，然后对每一类进行单独的度量，忽略了各因素之间存在的关联性与不确定性，相对比，本书不仅分析了各可信因素之间的关系，而且还运用恰当的方法有效定量地分析了他们之间的关联性与不确定性，使得度量结果更合理和准确。

4）有效降低了人为主观因素对度量结果的影响。目前，常见的度量方法均依赖于各位调查者或专家的知识和经验，不仅度量人员单一，而且得到的结果往往具有较大的人为主观性和片面性，甚至度量结果与实际情况完全不相符，相比较，本书在度量的过程中，首先从属性模型的底层开始进行逐层量化，并且加入了用户满意度因素，消除了一定的人为主观因素，其次，使用信息熵方法度量不确定性和影响程度，也有效降低了人为主观因素对结果的影响，增加了度量结果的准确性与客观性。

10.4.2 度量模型的合理性

本章所做的工作是基于云服务自身以及环境的特点，建立了云服务可信性属性模型，并在此基础上提出了云服务可信度量模型，然后通过案例研究对云服务商的可信性进行了度量，因此，本节将从如下三个方面论证度量模型的合理性。

1）云服务可信性属性模型的合理性。云服务可信性属性模型是度量工作的基础，本书所有的工作均围绕该属性模型展开。因此，本书通过跟踪前沿云服务风险理论，借鉴国内外相关研究文献，在认真调查分析的情况下梳理得到了 30个风险因素，并严谨地分析各因素之间关系，然后进行严格的分类，在梳理的过程中，紧紧围绕"为什么此因素会影响云服务的可信性"这个问题展开，并通过实际案例或是相关文献进行了详细的说明，保证了所提出的可信性因素是真实存在并且对所属分类的可信性以及云服务整体的可信性是有影响的，为每一个可信性因素提供了充足的理论依据。

2）度量步骤的合理性。本书将云服务可信性属性模型分为三个层次，即可信目标层（云服务可信性），可信因素类层（6 个维度）以及可信因素层（30 个可信因素），其中可信目标层是本书研究的核心，即整个云服务可信性的度量。本书以"从局部到整体"为指导思想，先对可信因素层的各因素进行量化，然后计算 6 个维度分别对应的不确定性程度、影响程度以及可信程度，最终计算得到目标层所对应的可信性，即云服务整体的可信性。整个度量步骤从可信因素层进行逐层分解，有理可依，清晰且有条理。

3）度量方法的合理性。在度量过程中，首先，专家的打分是依据云服务商提供的证明材料进行的，得到的分数都真实地反映了云服务商的实际情况。其次，本书没有直接将专家的打分结果用于可信性的度量，而是考虑其不确定性，采用信息熵的计算方法对其可信性因素的不确定性和影响程度进行分析，有效降低了度量过程中人为主观因素对度量结果的影响。同时，本书结合马尔可夫链的数学方法针对云服务可信性问题发生的随机状态进行了描述和量化分析，使得所得结果更为接近真实的情况，加大了数据的真实性与可靠性。

由此可见，本书提出的可信属性模型、度量步骤以及度量方法均是合理的，因此，也验证了所建立的度量模型过程的合理性，这些都得到了相关理论的支撑，整个度量的过程从局部到整体，逐层展开，从可信因素层单个的因素开始逐渐扩展到对不同维度不确定性程度、影响程度以及可信程度的研究，乃至对整个云服务可信性的量化研究，其度量过程条理清晰，为云服务可信性的度量提供了合理的方案。另外，在本章最后本书还将所提出模型代入具体的案例分析当中，说明了该模型风险度量的可行性。综上所述，均说明了本书所提出的度量模型是科学合理的。

第 11 章   基于信息熵和灰色聚类的云服务可信性评估

在控制论中，人们常用颜色的深浅形容信息的明确程度，颜色越深说明信息的未知程度越高，如艾什比（Ashby）将内部信息未知的对象称为黑箱（black box），这种称谓已为人们普遍接受。我们用"黑"表示信息未知，用"白"表示信息完全明确，用"灰"表示部分信息明确、部分信息不明确。相应地，信息完全明确的系统称为白色系统，信息未知的系统称为黑色系统，部分信息明确、部分信息不明确的系统称为灰色系统。

近年来，云服务可信度的评估模型的研究很多，综合评价方法主要有层次分析法、模糊综合指数法等。由于对云服务环境下所获得的数据并不完全可视，都是在有限的时间和空间内得到的，假设是这些数据内部人员可以看到，但是这些信息也是不完整的，因此应该将云服务视为一个灰色系统，即部分信息已知、部分信息未知的不确定性系统。

鉴于此，针对云服务商与各评价指标之间的不确定性以及各指标数据存在的不完整性，本书以灰色系统理论为出发点，结合信息熵内容，建立了基于灰色信息熵聚类方法，模拟仿真数据，应用该方法对云服务商进行了综合评价，进而分级以此来判断云服务的可信度，并且证明该方法的可行性。

11.1   评 估 模 型

11.1.1   评估指标选取

在 9.4 节的属性模型中涉及了云服务可视性、云服务可控性、云服务安全性、云服务可靠性、云服务商生存能力以及用户满意度 6 个方面，但是，在研究过程中我们发现，其实用户对这几个方面的理解程度存在不同，如云服务安全性涉及的因素大多数为技术，普通用户实则难以理解，而云服务商生存能力可能用户就比较容易理解，如哪家云服务商资金雄厚等，主观上都比较容易判断。因此，为了方便用户直观易懂地理解云服务可信性，作者及其团队根据前面对指标的描述做了一个调查，统计结果如图 11-1 所示，发现用户最容易理解的是云服务可视性与云服务商生存能力 2 个因素。

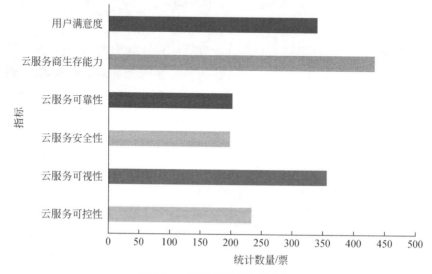

图 11-1　用户最易理解的指标

同时在凝练可信性因素的过程中，我们发现保护数据的机密性和数据的完整性是系统安全最基本的要求之一（侯方勇，2005），其直接影响着云服务的可信性。因此，考虑云服务可信性时，必须考虑数据的机密性和数据的完整性。鉴于此，本章将结合用户最关心的云服务可视性、云服务商生存能力 2 个方面以及数据的机密性和数据的完整性共 4 个方面对云服务的信任程度进行评估。其中，云服务可视性以及服务商生存能力 2 个方面的重要性，已经在第 4 章中进行了论述，因此本节只对数据的机密性和数据的完整性进行论述。

（1）数据的机密性

数据机密性是指信息不能被非授权者、实体或进程利用或泄露的特性。云端的数据与传统数据的机密性保护有很大的不同，传统数据存储在企业内部的数据库服务器上，数据机密性的威胁主要来自内部，但在云环境下（尤其是公有云），服务器物理上位于云服务商的机房，逻辑上受云服务商的管理，云服务商拥有对云服务器的最终控制权，再加上云服务开放、共享的特点，数据机密性的威胁不仅仅来自云服务商内部，同时也来自外部，各层面的访问控制机制可能被绕过，被攻击者控制，外存、内存和网络的数据都有可能被窃取等等。这也加剧了数据机密性的受威胁程度，即信息被非授权者、实体或进程利用或泄露的可能性增大了，这就影响了云服务的可信程度。因此，数据机密性是衡量云服务信任程度的重要因素之一。

（2）数据的完整性

用户的数据在传输、存储以及使用的过程中，若云服务商的保护措施不到位，则可能会被未授权地篡改或部分丢失，甚至全部丢失，使得数据的完整性遭到破坏，造成用户数据无法正常使用，影响用户体验，从而失"信"于用户。相反，若云服务商能够确保用户数据在传输、存储等任何环节遭到篡改后被迅速发现并阻止，以保证接收者能收到的信息与发送者发送的信息完全一致，确保信息的真实性和完整性，则用户会信任所订购的云服务，将数据传输到云端存储和使用。因此，能够确保数据的完整性也是提升用户信任云服务的条件之一。

综上，云服务可视性、云服务商生存能力、数据的机密性以及数据的完整性4 个方面影响着云服务商信任程度，具体如图 11-2 所示。

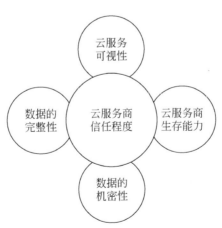

图 11-2　影响云服务商信任程度的因素

11.1.2　云服务信任类别

目前，将云服务可信度等级直接划分为"可信"和"不可信"，或者"信任"和"不信任"，这将会使得评估结果划分过于太绝对，实际某些云服务的可信性并不差，只要稍微加以管理和维护，则为可信任的云服务，因此，将其直接划分为不信任的云服务，是不准确的。鉴于此，针对云服务信任特点，基于文献（丁滢等，2015）将用户对云服务的信任预期的不同分为如表 11-1 所示的三类。

表 11-1　云服务信任类别划分

序号	信任类别	具体描述
1	A 类	用户完全信任云服务商能够保护其任何利益不会受到侵犯
2	B 类	用户对云服务商有所怀疑，但是信任经过某种手段验证的云服务
3	C 类	用户怀疑云服务商的动机与能力，因此对服务方的信任为最低水平

11.1.3　云服务信任评估过程

灰色聚类是根据灰色关联矩阵或灰数的白化权函数将一些观测指标或观测对象聚集成若干个可以定义类别的方法。按聚类对象划分，可以分为灰色关联聚类和灰色白化权函数聚类（变权聚类、定权聚类、基于三角白化权函数的聚类）。

灰色关联聚类主要用于将复杂多样的因素归并为一个或多个同类的因素，主要起到降维的作用，以使复杂系统简化。由此，可以检查众多因素中是否有若干个因素关系十分密切，用户既能够用这些因素的综合平均指标或其中的某一个因素来代表这几个因素，又可以使信息不受到严重损失。灰色白化权函数聚类主要用于检查观测对象属于何类，这些类别都是事先定义好的，以区别对待。

（1）建立白化权函数

定义 1：设有 n 个聚类对象，m 个聚类指标，s 个不同灰类，根据第 $i(i=1, \cdots, n)$ 个对象关于 $j(j=1, \cdots, m)$ 指标的样本值 x_{ij} 将第 i 个对象归入第 $k(k=1, \cdots, s)$ 个灰类之中，称为灰色聚类。

定义 2：将 n 个对象关于指标 j 的取值相应地分为 s 个灰类，称为 j 指标子类。j 指标 k 子类的白化权函数记为 $f_j^k(\cdot)$。

综上，本书将云服务的可信任程度别分为 s 类，即有 s 个灰类，确定 j 指标 k 子类白化权函数：

$$f_j^k(\cdot) \ (j=1,2,\cdots,m;\ k=1,2,\cdots,s)$$

典型的白化权函数（罗党和王洁方，2012）为

$$f(x)=\begin{cases} L(x)=\dfrac{x-x_1}{x_2-x_1}, x\in[x_1,x_2) \\ 1, x\in[x_2,x_3) \\ R(x)=\dfrac{x_4-x}{x_4-x_3}, x\in(x_3,x_4] \end{cases}$$

若该灰色类别内的元素反映越大、越好、越明确，则采用如下的上限测度白化权函数：

$$f(x)=\begin{cases} 1, x>x_2 \\ \dfrac{x-x_1}{x_2-x_1}, x_1\leqslant x\leqslant x_2 \\ 0, x<x_1 \end{cases}$$

下限测度白化权函数：

$$f(x)=\begin{cases} 0,\ x\notin(0,x_2) \\ 1,\ 0\leqslant x\leqslant x_1 \\ \dfrac{x_2-x}{x_2-x_1},\ x_1<x\leqslant x_2 \end{cases}$$

适中测度白化权函数：

$$f(x)=\begin{cases} 0,\ x_1\leqslant x\leqslant x_4 \\ \dfrac{x-x_1}{x_2-x_1},\ x_1<x\leqslant x_2 \\ \dfrac{x_4-x}{x_4-x_2},\ x_2<x<x_4 \end{cases}$$

（2）计算聚类权

在信息论中，熵（王生龙和邹志红，2012）是系统无序程度的度量，它还可以度量数据所提供的有效信息。因此，可以用熵来确定权重，当评价对象在某项

指标上的值相差较大时，熵值较小，说明该指标提供的有效信息量较大，该指标的权重也应较大。反之，若某项指标的值相差越小，熵值较大，说明该指标提供的信息量较小，该指标的权重也应较小（王生龙和邹志红，2012）。

第一步　归一化处理。

r_{ij} 为第 j 个评价对象在第 i 个评价指标上的标准值：

$$r_{ij} = \frac{x_{ij} - \min_{j}\{x_{ij}\}}{\max_{j}\{x_{ij}\} - \min_{j}\{x_{ij}\}}$$

根据信息熵的定义，$p_j = -k \sum\limits_{j=1}^{n} w_{ij}\ln w_{ij}$，$k = 1/\ln n$，$w_{ij} = \dfrac{r_{ij}}{\sum\limits_{j=1}^{n} r_{ij}}$

得到熵权：

$$\lambda_i = \frac{1 - p_i}{m - \sum\limits_{i=1}^{m} p_i}$$

第二步　计算聚类系数。

计算对象 j 属于灰类 k 的聚类系数 σ_j^k：

$$\sigma_j^k = \sum_{j=1}^{m} f_j^k(x_{ij})\lambda_i$$

计算对象 j 属于灰类单位聚类系数：

$$\delta_j^k = \frac{\sigma_j^k}{\sum\limits_{k=1}^{s} \sigma_j^k}$$

（3）判定灰类

判定对象 i 属于 k^* 灰类：

$$\max_{1 \leqslant k \leqslant s}\{\delta_j^k\} = \delta_j^{k^*}$$

11.1.4　云服务信任评估模型

综上所述，基于信息熵和灰色聚类方法所建立的云服务信任评估模型如图 11-3 所示。

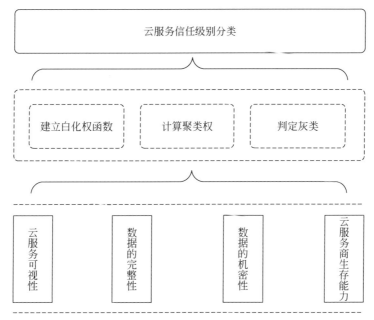

图 11-3　云服务信任评估模型

11.2　案 例 研 究

（1）建立白化权函数

选取适当的白化权函数，将表 11-2 所给的各指标的值代入白化函数关系式求白化函数值，表 11-3 给出各指标对于 1 类的白化权函数值。

表 11-2　各指标的值

云服务商	云服务可视性	数据的完整性	数据的机密性	云服务商生存能力
A	3.0	6.7	7.6	0.3
B	3.9	7.4	8.4	0.8
C	4.0	7.2	7.9	0.6
D	3.7	6.8	8.0	0.2
E	4.3	7.4	7.9	0.5
F	3.5	8.1	7.4	0.7

续表

云服务商	云服务可视性	数据的完整性	数据的机密性	云服务商生存能力
G	1.9	6.5	7.6	0.1
H	3.7	8.4	7.0	0.4

表 11-3　指标的灰类 1 白化权函数值

云服务商	云服务可视性	数据的完整性	数据的机密性	云服务商生存能力
A	0	0.35	0.6	0
B	0.9	0.7	1	1
C	1	0.6	0.9	1
D	0.7	0.4	1	0
E	1	0.7	0.9	0.5
F	0.5	1	0.4	1
G	0	0.25	0.6	0
H	0.7	1	0	0

云服务商等级划分标准如表 11-4 所示。

表 11-4　等级划分标准表

等级划分	云服务可视性	数据的完整性	数据的机密性	云服务商生存能力
A 类	≥4	≥8	≥8	≥0.6
B 类	3～4	6～8	7～8	0.3～0.6
C 类	≤3	≤6	≤7	≤0.3

（2）计算聚类权

计算聚类指标的聚类权与熵权，见表 11-5～表 11-7。

表 11-5　各指标的标准值

云服务商	云服务可视性	数据的完整性	数据的机密性	云服务商生存能力
A	0.458 333 333	0.105 263 158	0.428 571 429	0.285 714 286
B	0.833 333 333	0.473 684 211	1	1
C	0.875	0.368 421 053	0.642 857 143	0.714 285 714
D	0.75	0.157 894 737	0.714 285 714	0.142 857 143

续表

云服务商	云服务可视性	数据的完整性	数据的机密性	云服务商生存能力
E	1	0. 473 684 211	0. 642 857 143	0. 571 428 571
F	0. 666 666 667	0. 842 105 263	0. 285 714 286	0. 857 142 857
G	0	0	0. 428 571 429	0
H	0. 75	1	0	0. 428 571 429

表 11-6　计算聚类权

云服务商	云服务可视性	数据的完整性	数据的机密性	云服务商生存能力
A	0. 085 937 505	0. 030 769 231	0. 103 448 279	0. 071 428 571
B	0. 156 250 01	0. 138 461 538	0. 241 379 319	0. 25
C	0. 164 062 51	0. 107 692 308	0. 155 172 419	0. 178 571 429
D	0. 140 625 009	0. 046 153 846	0. 172 413 799	0. 035 714 286
E	0. 187 500 012	0. 138 461 538	0. 155 172 419	0. 142 857 143
F	0. 125 000 008	0. 246 153 846	0. 068 965 52	0. 214 285 714
G	0	0	0. 103 448 279	0
H	0. 140 625 009	0. 292 307 692	0	0. 107 142 857

表 11-7　各个评价指标的熵权和熵值

项目	云服务可视性	数据的完整性	数据的机密性	云服务商生存能力
信息熵值	0. 924 772 487	0. 837 324 426	0. 903 232 473	0. 870 001 79
熵权	0. 161 894 901	0. 350 089 28	0. 208 250 526	0. 279 765 294

（3）判定灰类

按照公式，计算得出聚类结果，对结果进行判断分析，根据 $\max\limits_{1\leqslant k\leqslant s}\{\delta_j^k\}=\delta_j^{k*}$，选取三者中的最大值即为聚类的结果（表 11-8）。

表 11-8　聚类结果

云服务商	δ_1	δ_2	δ_3
A	0. 247 481 563	0. 411 662 917	0. 958 349 895
B	0. 878 783 726	0. 172 414 692	0. 242 432 548
C	0. 839 139 235	0. 111 667 961	0. 321 721 529

云服务商	δ_1	δ_2	δ_3
D	0. 461 612 668	0. 377 208 365	0. 726 991 514
E	0. 734 265 517	0. 321 568 464	0. 391 586 32
F	0. 794 102 234	0. 328 495 321	0. 370 145 426
G	0. 212 472 635	0. 341 645 061	0. 608 260 615
H	0. 463 415 711	0. 376 902 234	0. 585 152 76

从综合评价结果（表11-9）可以看出，B、C、E、F 四个服务提供商等级为A 类，等级比较高，说明其云服务的可信度也较高。

表 11-9　综合评价结果

云服务商	A	B	C	D	E	F	G	H
等级	C 类	A 类	A 类	3 类	A 类	A 类	C 类	C 类

11.3　模型的优势及合理性

11. 3. 1　模型的优势

1）易于理解的评估方法。现有研究主要从管理措施及方法、政策及法律等方面对云服务商提升信任级别进行定性分析，定量判定云服务商信任级别的研究则较少。本评估方法从云服务可视性、云服务商生存能力、数据的机密性以及数据的完整性这 4 个用户较容易直观理解的指标展开定量分析，能够为用户、云服务商提供直观的评估数据，同时采用灰色聚类与信息熵结合的方法建立评估模型，该信任评估模型参数较少，易于理解和使用。这是该评估模型的优势之处。

2）更为准确的灰色聚类权重计算方法。传统的灰色聚类方法中，常采用公式 $\eta_j^k = \dfrac{\lambda_j^k}{\sum\limits_{j=1}^{m} \lambda_j^k}$ 来计算聚类权，存在 2 个明显的缺陷。首先，如果这 m 个指标的量纲不同，即单位不同的情况下，采用 $\sum\limits_{j=1}^{m} \lambda_j^k$ 求和将没有任何意义，也就不能直接聚类。其次，若各个指标的量纲是相同的，但是如果指标的取值范围不同，比如

某一些指标取值为 [0, 1], 另一些指标的取值范围为 [10 000, 100 000], 求取聚类权重时, 则权重差别尤为明显, 取值大的指标权重远大于取值小的指标权重, 显然这都是不合理的。本书采用信息熵方法计算权重, 使得每一个指标的权重符合实际情况, 将使得最终的灰类判定更为准确。这是本评估方法的重要优势之一。

3) 较为客观的划分云服务商信任级别。目前, 采用机器学习等一系列方法对云服务的信任程度进行分类, 往往将云服务商的信任级别分为 "信任" 以及 "不信任" 2 个类别, 这就造成了分类结果太过于绝对, 这是不科学的, 而本评估方法将云服务商的可信任程度分为了 "A 类"、"B 类" 以及 "C 类" 3 个类别进行准确的分类和评估, 规避了分类太少或不当造成结果过于绝对这个因素, 这也是本评估方法的一个优势之一。

11.3.2 模型的合理性

1) 指标选取的合理性。针对云服务的特点和用户的需求, 选取恰当合理的评估指标, 能够为后期准确地评估云服务商信任级别奠定坚实的基础。本模型主要从云服务可视性、云服务商生存能力、数据的机密性以及数据的完整性 4 个指标对云服务商的信任程度进行评估, 涉及云服务商自身的生存能力, 也涉及了用户最为关心的数据方面, 这是 4 个影响云服务商信任程度的重要因素, 同时本书也结合现有研究和相关的标准分别对每一指标的必要性和重要性进行了论述, 均是评估云服务商信任级别需要充分考虑的因素。因此, 本模型从云服务可视性、云服务商生存能力、数据的机密性以及数据的完整性 4 个指标展开定量分析和定量评估时合理的。

2) 评估模型的合理性。灰色聚类主要分为灰色关联聚类和灰色白化权函数聚类两大类。其中, 灰色关联聚类主要用于同类因素的归并, 以使复杂系统简化, 这是本书未考虑的。灰色白化权函数聚类主要用于检查观测对象是否属于事先设定的不同类别, 以区别对待, 这是本书主要采用的聚类方法。本书主要是事先设定信任级别, 然后通过模型的评估之后, 确定云服务商的信任类别, 这与灰色白化权函数聚类方法的内容和思想是完全一致的。同时, 也通过相应的案例研究证明了本书所建立的评估模型能够准确将云服务商的信任类别进行分类。因此, 本书建立的评估模型是合理的。

3) 评估步骤的合理性。灰色白化权函数聚类评估方法的步骤如下: ①获取每个指标相应的特征数据；②建立白化权函数；③设定灰类；④计算聚类权以及聚类系数；⑤判定灰类。

本书的观测对象是多个云服务商，通过建立白化权函数，设定了"A类"、"B类"及"C类"三个灰类，采用信息熵方法计算聚类权以及聚类系数，最终将观测对象映射到相应的灰类中，得到云服务商的信任级别。可见，本书基于灰色聚类和信息熵方法建立的评估模型，其计算步骤与灰色白化权函数聚类评估方法所涉及的评估步骤是相同的，步骤清晰易懂，故本书的评估步骤是合理的。

由此可见，作为评估的基础，本书的指标选取是合理的。同时本书在指标体系的基础上提出的评估模型、评估步骤均是合理的，这些都得到了相关理论和研究的支撑。另外，本书还将所提出的云服务信任评估模型代入具体的案例分析当中，说明了该模型评估云服务商信任级别的可行性。综上所述，均说明了本书所提出的评估模型是科学合理的。

第四篇　管理对策建议及展望

第 12 章 云服务管理对策和建议

在之前的章节，本书针对当前云服务在用户隐私安全保护、系统运行技术支撑以及在商业运营管理方案上所存在的问题进行了论述，并通过案例分析、结合具体的计算方法展开了详细的定量研究，从风险的威胁频率、损害程度、维护难度等方面描述和解释了构成当前云服务安全风险的主要原因，为后续风险应对的研究工作提出了需要解决的问题。

12.1 云服务发展需求及管理对策建议

已知，云服务风险的产生存在多种原因，作为一种在传统技术基础上所发展而来的新型服务模式，其在相关技术的支撑上并不缺乏。之所以会产生许多未曾预料的风险，更多的情况是由于当前技术运用的不规范、法律的缺失、管理制度的落后、服务双方的不理解，以及在具体环境中所受到的干扰和限制。因此，综合考虑以上各方面的因素，在接下来的风险应对和信任研究中本书提出了以下在云服务发展过程中的需求，并针对每一个需求提出了相应的对策。

（1）服务的评估和认证

在当前云服务不成熟的市场环境下，由于缺少相关的参考标准和评估结果，几乎所有的用户在考虑选择何种云服务时，都只能单方面地依靠自身的理解或是通过云服务商的自我介绍进行判断，一切的信任和保障都只建立在双方的沟通上。面对这样的情况，用户显得极为被动，仅依靠自身的判断将难以结合实际的应用需求对各云服务商所能够提供的服务进行客观的比较，同时也将无法了解到这些服务背后可能会存在的风险，一旦发生风险用户将会觉得很突然且难以控制；而对于云服务商，仅凭自身的说明和承诺也将难以取得用户的信任，对于云服务的推广极为不利。

管理对策及建议

为了解决此问题，加强服务双方之间的信任关系，在当前的云服务发展环境下应由政府出面建立中立的第三方机构，负责对市场上的云服务商进行服务的评估和安全的认证，并面向每一个云服务商给出最终的评估结果，对于达不到标准的云服务商不允许经营，从而规范当前的云服务市场。该第三方机构需要对各云服务商服务的所在地、所采用的技术、法规遵从、运营方式、资金能力等进行考察和认证，同时需要制定相应的标准等级对该云服务商所提供的服务、服务的质量以及这些服务背后可能存在的风险进行评估和说明，最终为用户提供权威的评估结果。通过第三方机构所给出的评估结果，将能够有效地增强服务双方的信任、加深彼此理解，对于云服务的推广，以及用户对云服务风险的认识和预防都将有极大的帮助。

（2）监督管理的落实

云服务内部的构成对于用户而言是隐蔽的，用户将无法了解到某个服务的具体实现技术和相关操作过程。这就决定了在实际的交互中，用户只能够按照云服务商所提供的接口执行一些"看得到"的操作；相反，云服务商在此交互过程中却具有全局的管理和控制权（张伟匡等，2011），一旦云服务商有错误或是恶意的操作，都将直接威胁用户的隐私安全。面对这种不平衡的权益关系，如若不能将云服务商的操作透明化或是执行相应的监督，用户的权益将难以得到保障。

管理对策及建议

为了解决上述问题，需要得到来自三方的共同支持，分别是公信的第三方机构、云服务商和用户本身。其中各方在实际服务过程中的主要工作如下所示。

第三方公信机构：需要建立专门的监督制度，对实际服务过程中云服务商所执行业务流程和安全保障进行审查，包括对数据的存储、采集、转移以及销毁等处理状况的监督。

云服务商：作为提供商，同样需要加强自身的法律责任意识对内部进行严格管理，包括物理设备的管理、内部员工的审核以及工作流程的安排等。针对这些风险可能，云服务商应该制定严格的监督管理制度，定期地对物理设备实施安全检查，同时对所有的内部员工进行安全教育，明确各员工的法律责任，并落实各业务流程的安全控制，在实际的服务过程中尽量地做到公开透明。

用户：作为用户则应该要求云服务商的操作透明化，对云服务商的业务流程、执行技术以及负责各业务的操作人员进行了解，并向服务商咨询相关的安全预防措施。

只有通过三方的共同合作，才能确切地落实整个服务过程的监督和管理。

（3）网络的威胁

云服务作为一项基于互联网的交互模式，网络是其服务传输的媒介，几乎大部分的潜在威胁都来自网络，做好网络安全的应对措施将能够极大地降低风险发生的可能，从而减小云服务风险损失。本书将针对当前云服务的身份认证、权限管理、API 或接口安全等问题进行思考，提出能够有效应对网络安全威胁的合理方案及建议。

管理对策及建议

要降低来自网络的威胁，云服务商必须加强对用户认证、接口以及通信安全的保护，实施对整个服务请求和调用过程的监督，检测来自网络的攻击并进行记录。

在认证方面，云服务并不缺乏相应的技术，如静态密码认证、短信认证、动态口令认证以及智能卡认证等都已较为成熟，但是面对云服务复杂的环境，要保证认证的安全则需要在这些传统认证技术上，采用多方法、多方向、多层的混合认证方式。当对用户进行认证后，才逐步地赋予其权限。在接口和 API 管理上，云服务商则应该从不同类型的端点上对所设计的接口模式进行检验，并部署相应的安全套接字协议（secure socket layer，SSL）。而在通信过程中则应该采用虚拟专用网络（VPN）和点对点隧道协议（PPTP）等安全方式，当面对突发的网络中断或是受到连续的网络攻击时能够将服务进行转移，建立一条临时安全的通道，从而保证系统的正常工作。

而对于用户则需要做到只使用服务商所推荐的接口或 API，在第三方提供的平台上不存放敏感数据，并且对所有存放的数据进行加密。

（4）风险责任的承担

任何一项技术，在实际的运用过程中都不可避免会受到风险的威胁。尤其是在复杂的云服务环境下，即使云服务商一再保证自身服务的安全性，仍然不可避免风险的产生。而风险一旦发生，服务双方都将受到不必要的损失及影响，最终的风险责任由谁承担一直是困扰当前服务双方的重要问题。正如之前所言云服务风险的形成存在多种原因，不可能完全是由服务的某一方所造成，这就使得当前云服务风险责任的划分更加难以界定。当风险发生时，服务的任何一方都有解释的理由，谁都不愿意承担全部的责任，难免产生责任的纠纷。

管理对策及建议

正如以上所述，法律法规的缺失导致现在风险的责任界定难以确定。当存在较小的风险纠纷时也许可以由服务双方进行协调解决，但是面对事故较大的风险责任时仅凭服务双方的沟通则远远不够。如果没有第三方的介入，云服务未来的推广和应用必将受到限制。面对此问题，政府应尽快地完善相关的法律规定，制定保护的对象、赔偿的条款以及相关责任的说明等，并成立执行机构对风险发生时双方的责任和赔偿问题依法进行协调。服务双方的用户或是云服务商都必须遵守相关法律的规定，当某一方的权益受到侵害时都能够通过第三方机构寻求法律的保护。

(5) 管辖权归属

云服务跨区域分布的特点决定了它将受到各地司法的约束。当存在云服务犯罪时，究竟应该由谁出面进行管束？目前的法律并没有专门的说明。尤其是考虑到网络犯罪的隐蔽性、匿名性和跨国性等特点，对于网络犯罪的最终管辖权归谁就更加难以明确。因此，要完善当前云服务法律或法规，管辖权的归属问题是当前所必须要解决的一个重点问题。

管理对策及建议

责任的界定是为了追究风险事故发生时的责任人，而管辖权的归属则决定了是由谁来执行和追究，对于云服务立法的完善，责任界定和管辖权归属。两者缺一不可，都必须尽快得到解决。虽然目前没有专门的立法，但是却可以在现有相关的网络立法和隐私保护法律基础上结合云服务的特点提出相应的限制和要求，加强对电子证据的采集和认定。当出现较大的云服务事故或云服务犯罪时，最终谁具有管辖权则可以根据风险或是犯罪行为发生的地点，以及事故发生后所受到影响的地区综合进行判断。为了能够更好地追踪犯罪途径，应尽快加强各国的合作，在双方自愿和平等条件下的建立国家或是地区之间的公约，对于在国际上影响较大的云服务事故则应该纳入全球各国共同打击和防范的范围（张艳和胡新和，2012）。

(6) 数据安全的保护

数据是云服务中重要信息的载体，某种程度上数据的安全即意味着信息的安全。其中数据存放的物理位置、残留数据的销毁、数据的容灾恢复以及数据的加密都极为重要，只有针对这些问题加强了保护才能有效降低云服务数据安全所面临的威胁。

管理对策及建议

数据物理位置：为了提高用户的信任，在未来的云服务过程中，云服务商有必要让用户了解其数据被存储到了什么地方。而如果该地区的法规存在特殊的要求，云服务商则必须向用户公开说明并取得其同意。尤其是企业用户，当了解到自身数据被存储当什么位置后，则可以根据具体地区的法规要求应变地采取存储策略和预防措施，从而降低风险发生的可能。

残留数据的销毁：要做到彻底的数据销毁，尤其是将存储空间重新分配给其他用户时，云服务商必须对所有使用过的存储介质（包括存储在第三方的数据）进行彻底的检查和再消除。除此之外，云服务商还需要定期地对已经长期重复使用的存储介质进行更换并采取物理销毁。另外，为了不遗漏任何的信息，云服务商在服务的过程中还应对数据的存储、转移以及备份的所有位置进行记录。

数据的容灾恢复：为了预防突发的数重大事故，云服务商需要将数据在不同的位置进行备份并记录，同时告知用户该数据备份的位置及存储方法。对于用户而言，则并不能完全地依赖于云服务商进行备份，自身也需要采取妥善的备份和预防措施。

数据的加密：数据的加密不仅是针对其他的用户，同时也是针对服务的提供商。作为云服务商应采用多重的验证方式对数据的持有者进行识别，并针对敏感数据最终的确认操作进行实时的动态加密验证；而作为用户则应该有选择性地存储其信息，对于敏感的信息可以不公开或是以一种只有自己理解的加密形式进行存储，同时也要注意避免长期在不同的应用平台上使用同一组账户和密码。

(7) 云服务的标准化

云服务的标准化是当前云服务建设和发展的首要任务之一。作为一项新兴的技术，云服务的发展才刚刚起步。在其普及和发展过程中，之所以会产生这么多的风险，技术、管理和运用的不规范是主要的原因。若能够建立云服务规范的行业标准，将能够有效地降低一系列由于技术运用不当、操作失误以及管理疏忽等所造成的风险可能，从而规范云服务的服务过程。

管理对策及建议

要实现云服务的标准化需要考虑多方面的因素，不仅是对云服务实现的基本要求，它还包含其他许多方面的要求。诸如对隐私安全的评估标准、接口和传输协议标准、数据存储的标准、敏感数据分类的标准、身份认证的标准、数据加密的标准以及业务流程的标准等，总的来说可以分为技术标准、管理标准和评估标准三个方面。

虽然云服务是近年来才产生的一项新技术，要立刻建立一套完整的行业标准并不容易，但是一切也并非是"从零开始"。目前国内外已有一些成型的标准，如《系统和软件工程–系统和软件质量要求和评估（SQuaRE）–系统和软件质量模型》（ISO/IEC 25010—2011）、《信息技术–储存管理》（ISO/IEC24775—2011）、《信息技术–云计算–概述和词汇》（ISO/IEC 17788—2014）等，在这些标准的基础上进行延伸将能够逐渐地完善和加快制定当前云服务行业的标准。云服务标准的制定需要由政府或相关权威机构领头，通过吸收国内外先进的经验技术，结合当前的法律法规进行制定。通过云服务行业标准的制定，将能够正确地引导当前的企业、用户和云服务商朝着规范化的方向发展，通过共同的合作将为未来的云服务提供更为优越的服务和广阔的市场。

12.2　各部门职能及任务要求

综上所述，本书针当前云服务环境所存在的问题以及发展需求提出了多方面的管理对策和建议，包括云服务的评估认证、服务监督、立法完善、数据保护、网络防范以及标准制定等一系列关键的问题。总结本书所提出的管理对策及建议，要满足当前云服务发展的需求、创造安全的云服务环境需要来自多方面的支持，其中各角色的具体任务分别如下。

（1）政府及相关部门

政府及相关部门对于云服务风险应对工作的展开具有督促和引导的作用，有关云服务立法、云服务标准以及第三方机构的建立都需要得到政府部门的支持，只有得到政府的认可和重视才能够进一步加快打造云服务安全的环境。在当前云服务的起步阶段，急需要完成以下任务。

完善云服务立法。面对当前复杂的云服务市场和网络环境，政府机构应尽快地组织相关技术和司法人员完善云服务立法。针对当前散乱的云服务市场，应加快完善有关云服务隐私保护、责任界定、纠纷赔偿、管辖权归属、产权保护等方面的法律法规，同时加大现有电子证据采集和验证的技术研究，明确个人或是企业的行为与职责，从而依法整顿当前的云服务市场。另外，面对云服务跨区域的特点，还应加强国际的合作，在互相平等自愿的条件下达成国际公约，明确双方的职责和义务，共同合作从而有效地打击跨国的网络犯罪。只有在云服务立法尽快完善的条件下，当前的云服务才能得到进一步的推广和普及，从而推动未来的经济的增长。

建立第三方机构。第三方机构的成立工作需要由政府主持，配置熟悉云服务安全的相关人员，并成立不同的部门赋予其相应的工作，如服务的监督部门、服务的评测部门、风险事故的处理部门等。第三方机构具有政府所赋予的权利，要求每一个市场上的运营商都必须接受第三方机构的监督和认证，对于达到要求的云服务商才允许经营。

拟定云服务行业标准。云服务标准的制定需要立足于目前国内外已有的标准基础上，新标准的制定是对云服务规范的要求，在符合当前云服务特点的同时并不会颠覆以往的标准要求。根据具体的需求，这些标准大概可以分为三类，即技术的执行标准、服务管理的标准以及评估的标准，具体的如接口标准、协议标准、业务流程标准、数据分类标准、安全评估标准等。

(2) 第三方机构

第三方机构的建立是为了平衡用户和云服务商双方之间的权益关系并建立服务双方的信任，做到公平、公正、公开。该机构需要由政府出面建立，主要的工作包括三个方面。

服务和管理的监督。对云服务商的服务和管理进行监督，将能够有效地限制云服务商本身滥用权限进行违法操作的行为，从而保证用户在实际服务过程中的隐私安全。

服务的评估。为了加深服务双方的理解，第三方机构需要在一定年限内对云服务商的服务水平、管理制度以及配套设施等进行评估，并给出供用户参考的评估结果，以便用户在选择云服务商时能够了解到具体的信息，将各云服务商进行客观的比较。

服务认证。按照云服务行业标准，对市场上的云服务商进行服务认证，对于符合标准需求的云服务商才允许进入市场，经过服务认证后的云服务商具有合法经营的许可，在服务过程中需要遵循第三方机构的监督。而对于没有达到行业标准的云服务商则需要督促其自身提高服务质量、完善服务标准以待进行下次认证。

处理纠纷与责任分配。当云服务商与用户之间存在赔偿纠纷或是某一方认为自身权益受到侵害时，都能够寻求第三方的帮助，它将根据云服务的立法及相关行业标准对服务双方进行协调和责任分配。

(3) 云服务商

云服务商作为服务的提供者，在云服务风险的应对中起到至关重要的重要，在风险的应对中需要做到以下工作。

规范化要求。规范化是云服务发展的客观要求，要应对云服务风险的重要保障，云服务商在其服务过程中必须按照云服务标准做到技术和管理的标准化，减少由于服务管理失误和技术运用不当所产生的风险。

内部监督管理。除了需要接受第三方公立机构的服务和管理监督外，云服务商自身也需要加强对内部的管理，包括对业务流程的安全控制、物理设备的定期检查和更换、员工的安全责任教育、奖惩制度的执行等。

加强数据保护。数据安全是云服务安全的重要组成部分，如前面所提出的建议，云服务商需要执行一系列的措施加强对数据的保护，如数据储存物理位置的掌控、存储设备的定期检查和更换、数据的异地备份与记录、多方法混合数据加密技术等。

提高网络安全。网络攻击是云服务最常见也是最频繁的风险。根据之前本书所提出建议，云服务商应该从用户的接入、身份认证、权限管理、接口以及通信安全等方面加强保护，并实施对服务请求和调用过程的监督，当风险发生时为信息的传递提供一条临时的通道，最终建立具有多重保护的云服务安全体系，从而尽量地减少和避免来自网络的威胁。

加强用户沟通。云服务商需要加强与用户的沟通，对自己的服务和安全进行说明，告知用户一系列需要注意的问题和细节，如数据的存放位置、异地法规的特殊要求、服务商具有的特殊权限、接口的安全等，从而加深双方的理解帮助用户提前做好风险的预防。

(4) 用户

在没有第三方机构之前，用户一直属于服务过程中弱势的一方，所有的信息都只能通过自己的主观认识和服务商的介绍进行获取，由于缺乏彼此的了解这些信息可能是不完整的，甚至可能是不真实的。而第三方机构的出现，则能够保证这些信息的公正，作为用户要应对未来使用过程中的风险，需要做到以下几点。

选择可靠、合适的云服务商。在选择云服务时，用户不能完全地只听信云服务商的说明和承诺，应参考第三方认证的结果，并结合自身具体的应用需求选择服务可靠、安全等级高、实力雄厚的云服务商。

加深对服务商理解。在选择了某服务商后，用户则需要进一步了解一些与服务商管理和技术有关的信息，例如管理人员的基本信息、数据的备份记录、数据储存的位置、用户的特殊权限等。

加强自身数据保护。当用户将数据提交给云服务商后，不能够完全信任或依赖于云服务商，自身也需要有策略进行数据安全的保护，如对数据的分类存储、数据的应急备份、数据的加密以及数据的自我销毁等。

使用安全接口。在云服务的服务过程中，可能会存在许多由第三方所提供的应用，用户在使用这些服务时需要向云服务商进行咨询，使用云服务商所提供的安全接口。

企业用户内部管理。企业用户与单个用户所不同，企业用户内部的管理不当也将影响到云服务的安全。对于企业用户而言同样需要加强对自身内部员工、业务运作过程的监督和管理。

归纳以上内容，为了满足未来云服务发展的需求，普及云服务应用、推广云服务的发展，需要各角色之间的共同作用，其中各角色之间相互关系如图 12-1 所示。

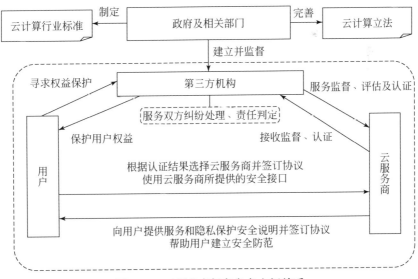

图 12-1　云服务市场各角色之间关系

　　除了相互之间的监督约束外，图中所示的服务双方还需要加强对自身安全的保护，如用户需要有策略地进行数据的备份、分类储存、数据加密以及数据销毁等，并保证在服务过程中安全使用云服务商所提供的接口；而对于云服务商或企业用户则需要规范自身的技术和管理，并加强对内部员工的安全意识教育和责任监督。只有在多方相互支持、相互监督的条件下，才可能尽快地规范当前云服务市场，建立服务双方的平衡，同时保障用户和云服务商的合法权益。

第 13 章 结论与展望

13.1 研究工作回顾

云服务的出现改变了以往传统的服务交付模式，用户不需要投资过多的基础设施建设就能够通过网络获得强大的计算能力和多样化的服务（Ward and Sipior，2010）。它降低了实际运作过程中用户许多不必要的开销，如软件的开发、服务器的购买、网络环境的布置以及日常的维护与管理经费等，只有当用户存在需求时才以交付的方式进行服务，其价格低廉、取用方便，极大地减轻了企业用户的投资压力，节省了用户的时间，使得用户本身能够将更多的时间、精力和资金投入自身核心业务的发展过程中。正是因此特点，云服务具备了巨大的市场潜力，受到世界诸国政府和 IT 行业的高度重视。云服务的发展必将引领未来产业化和信息化的融合，对于企业应用的推广、服务的转型以及新兴企业的发展都具有深远的意义。

但是在当前实际的云服务应用过程中却出现了许多未曾预料的风险，相关管理制度的落后、技术运用的不当以及商业和运营环境的风险影响，使得用户的隐私安全受到了威胁，严重地阻碍了云服务的普及和发展，若不能及时地解决这些关键问题，对于全世界市场经济的发展而言都将是一笔巨大的损失。因此，为了能够解决当前云服务发展过程中所面临的关键问题，加速云服务发展的脚步。本书立于当前云服务发展的现状，根据风险发生的特点，结合系统科学理论、系统工程方法、信息论观点、云服务风险理论以及相关的数学方法，围绕云服务安全展开了一系列的研究工作，其中主要的研究内容和取得的创新成果如下。

1）提出了云服务安全风险属性模型。本书通过借鉴国内外云服务风险研究文献，参阅权威机构报告，从隐私风险、技术风险和商业及运营管理风险三个维度对威胁到云服务安全的风险因素进行了梳理，并建立云服务安全风险属性模型。相比以往研究，本书引入了对风险发生多种随机状态的考虑，所建立的风险属性模型具有交叉性，更能够准确地反映实际的云服务风险变化环境。

2）提出了云服务安全风险的度量模型。本书在传统风险研究理论的基础上，围绕风险发生的频率及其对项目的损失权重影响两方面因素，结合信息熵原理和马尔可夫链数学的计算方法，考虑云服务风险发生状态的随机性，建立了云服务安全风险的度量模型。该模型的建立解决了以往研究中抽象风险难以度量的问题，并通过信息熵的计算方法降低了在对底层各风险因素进行权重赋值时各专家人为主观偏差的影响，整个模型的建立科学合理，能够针对具体的案例进行研究分析。

3）提出了云服务安全风险量化评估模型。云服务风险的评估以实现系统的安全为目的，是对整个云服务风险环境的有效描述和评估方法，它能够为决策提供最直观的依据。本书采用定性定量相结合的方法，从不同层次、不同方面和不同角度针对云服务安全进行了探讨，根据本书总结梳理所得的风险因素，结合信息熵、模糊集、马尔可夫链和支持向量机等方面提出了许多云服务安全风险的有效评估方法，丰富和完善了云服务安全风险的评估理论。同时，通过这些研究所得到的评估结果具有较大的应用价值，不仅能在用户考虑选择某云服务商时为其提供参考的标准，也能为云服务商进行风险的管理和控制提供依据。

4）提出了云服务可信性属性模型。云服务信任问题并非受制于某一个特定方面，而是多层面、多因素综合作用的结果，并且不同层面的不同因素之间存在交叉影响。本书通过文献研究、调查研究和资料分析，首先对云服务可信性属性模型的研究现状进行了总结。然后基于现有研究成果、可信计算理论以及信任理论，针对云服务特点，从现代服务业对信用和信任的需求角度，将云服务可信性属性划分为云服务可视性、云服务可控性、云服务安全性、云服务可靠性、云服务商生存能力以及用户满意度六个维度。最终在六个维度上提炼出30个影响云服务可信性的关键因素，梳理各因素之间关系之后，建立了具有交叉关系的云服务可信性属性模型，为后续的可信性度量奠定了基础。

5）提出了云服务可信性度量模型。建立云服务可信性度量模型的目的主要在于突破定性描述的缺陷，更加准确地反映各因素之间的相互关系及其特征，为云服务管理决策提供理论依据。本书基于信息熵理论与马尔可夫链建立度量模型，以各因素之间的关联性和相关性为前提，详细计算和分析各可信因素的不确定性程度、影响程度以及可信程度，使得度量结果更为符合实际过程中云服务可信性的特点。同时也有效规避了在对云服务可信性因素进行量化时主观性过高的弊端。

6）提出了云服务可信性评估模型。从用户最关心的云服务可视性、云服务商生存能力、数据的机密性和数据的完整性 4 个方面，基于信息熵和灰色聚类方法建立了云服务信任评估模型。该模型易于理解，可操作性较高，指标权重的计算和分配更加准确，对云服务商信任级别的划分更为客观。最后，通过案例研究进一步证明了所建立的评估模型能够准确将云服务商的信任类别进行分类，验证了模型的合理性。

7）提出了合理的云服务风险及信任管理对策及建议。最后，本书在风险度量和评估的基础上，根据当前云服务发展的需求，从服务双方的角度综合考虑，围绕云服务的安全问题提出了若干合理的管理对策及建议，并明确了在其执行过程中各角色所需要承担的工作和任务安排，从而通过多方面的相互支持和相互监督为云服务的未来创造一个规范安全的服务环境。

13.2　未来工作展望

本书是一个多学科交叉的综合性研究，对于风险的识别、风险大小及可信性的度量、风险环境及信任的评估以及风险的管理与控制具有重要的意义。虽然本书根据当前云服务发展的需求，通过调查和分析梳理了相关的风险因素，并建立了风险的度量与评估模型，为当前云服务安全的保障提供了许多可靠的管理对策和建议。然而，当前云服务的发展仍然处于起步的阶段，随着其应用研究领域的不断延伸、服务模式的不断变换，以及用户需求的日益剧增，在未来长远的云服务发展过程中可能还会存在许多新型的风险，这些都是本书研究所不能预料的。云服务的特点决定了其研究的复杂性，从不同的角度对其安全进行分析将能够得到更多的研究结果，只有随着研究结果的增多才能更深入地认识到云服务风险的特征及其风险环境的变化。通过前面章节的介绍，已知本书所提出的风险度量与评估模型具有很好的扩展性，在针对具体的云服务系统时，可以根据具体的需求从不同的角度和不同的方面展开对云服务安全风险的研究。云服务的推广和普及需要一段较长的时间，随着云服务的不断发展，现有的分析中仍然还有许多可以详细扩充的地方，只有经过不断的分析才能持续推动云服务发展的脚步，提高人们对云服务的信任程度，挖掘云服务巨大的市场潜力，从而推动整个市场经济的发展。为此，在未来的工作中，作者及其研究团队将展开进一步深入的研究，包括如下方面。

1）云服务安全风险因素的扩充。随着对云服务应用的推广，在本书研究的基础上势必还有许多未曾提到的风险因素，随着对云服务风险环境研究的深入，作者及其研究团队将在后续的工作中继续跟踪前沿的云服务理论，通过探讨和调查分析逐渐地扩充已有的云服务安全风险属性模型，从而更为全面地解释当前云服务的风险环境。

2）风险度量和评估的全面化。在后续的研究过程中随着云服务研究领域的变更，作者及其研究团队将通过研究结果的积累，逐渐增加对云服务风险度量和评估因素的考虑，从而定义更加准确和详细的风险隶属等级，作为第三方机构对于云服务安全进行评估的标准。

3）探讨并制定云服务行业的标准。云服务行业标准的制定有益于云服务市场的规范，作者及其研究团队将在今后的研究中考虑云服务跨区域分布、法规约束和服务多样化的特点，努力探索有关云服务安全保护、技术执行以及服务管理的标准。

参 考 文 献

白鹏，张喜斌，张斌，等．2008．支持向量机理论及工程应用实例．西安：西安电子科技大学出版社．

卞焕清，夏乐天．2012．基于灰色马尔可夫链模型的人口预测．数学的实践与认识，42（7）：127-132．

蔡永顺，冯明，饶少阳．2012．中国电信内外并举推动云服务标准发展．通信世界，28：26．

曹庆娟．2009．基于用户体验的政府网站用户满意度研究．情报科学，10：1470-1474．

查尔斯蒂利．2010．信任与统治．胡位钧，译．上海：上海人民出版社．

Chang E，Dillon T，Hussain F K．2008．服务信任与信誉．陈德人，郑小林，干红华，等译．杭州：浙江大学出版社．

陈庚，蒋敏，卢其龙．2018．基于马尔科夫过程的测控装备可靠性分析．自动化技术及应用，7：8-12．

陈海波．2009．云计算平台可信性增强技术的研究．上海：复旦大学．

陈浩，许长辉，张晓平，等．2019．基于隐马尔科夫模型和动态规划的手机数据移动轨迹匹配．地理与地理信息科学，3：1-8．

陈虎．2012．物流服务供应链绩效动态评价研究．计算机应用研究，29（4）：1241-1244．

陈曲．2014．可信云服务认证推动公有云市场突破．中国信息化周报，2014-12-08．

陈全，邓倩妮．2009．云计算及其关键技术．计算机应用，29（9）：2562-2567．

陈颂，王光伟，刘欣宇，等．2012．信息系统安全风险评估研究．通信技术，45（1）：128-130．

陈小辉，文佳，邓杰英．2011．银行采用第三方云平台的风险．金融科技时代，19（10）：27．

陈亚睿，田立勤，杨扬．2011．云计算环境下基于动态博弈论的用户行为模型与分析．电子学报，39（8）：1818-1823．

陈玉明，吴克寿，李向军．2013．一种基于信息熵的异常数据挖掘算法．控制与决策，6：867-872．

陈志国．2007．传统风险管理理论与现代风险管理理论之比较研究．保险职业学院学报，21（6）：15-18．

程风刚．2014．基于云计算的数据安全风险及防范策略．图书馆学研究，2：15-17．

程慧平，程玉清．2018．基于AHP与信息熵的个人云存储安全风险评估．情报科学，7：145-151．

程向阳．2007．马尔可夫链模型在教育评估中的应用．大学教学，23（2）：38-41．

程玉珍．2013．云服务信息安全风险评估指标与方法研究．北京：北京交通大学．

程玉柱，胡伏湘．2013．云计算中数据资源的安全加密机制．长沙民政职业技术学院学报，20（2）：132-135．

楚杨杰，王先甲，吴秀君．2005．基于熵评价的供应链系统信息共享的分析与设计．武汉理工大学学报（信息与管理工程版），27（8）：237-241.

丁滟，王怀民，史佩昌，等．2015．可信云服务．计算机学报，37：1-19.

杜瑞忠，蔡红云，梁晓艳，等．2018．信任评估与服务选择．北京：科学出版社.

段茜，黄梦醒，万兵，等．2014．云计算环境下基于马尔可夫链动态模糊评价的供应链伙伴选择研究．计算机应用研究，31（8）：2403-2406.

冯本明，唐卓，李肯立．2011．云环境中存储资源的风险计算模型．计算机工程，37（11）：49-51.

冯朝胜，秦志光，袁丁，等．2015．云计算环境下访问控制关键技术．电子学报，43：312-319.

冯登国，张敏，张妍，等．2011．云计算安全研究．软件学报，22（1）：71-83.

冯言志．2019．基于组合熵值马尔科夫模型的住宅用地价格预测研究．上海国土资源，1：59-63.

付沙，宋丹，黄会群．2013a．一种基于熵权和模糊集理论的信息系统风险评估方法．现代情报，33（3）：10-13.

付沙，肖叶枝，廖明华．2013b．基于模糊集与熵权理论的校园信息系统安全风险评估研究．情报科学，31（9）：117-121.

付沙，杨波，李博．2013c．基于灰色模糊理论的信息系统安全风险评估研究．现代情报，33（7）：34-37.

付钰，吴晓平，宋业新．2011．模糊推理与多重结构神经网络在信息系统安全风险评估中的应用．海军工程大学学报，23（1）：10-15.

付钰，吴晓平，严承华．2006．基于贝叶斯网络的信息安全风险评估方法．武汉大学学报（理学版），52（5）：631-634.

付钰，吴晓平，叶清，等．2010．基于模糊集与熵权理论的信息系统安全风险评估研究．电子学报，38（7）：1489-1494.

傅为忠，金敏，刘芳芳．2017．工业4.0背景下我国高技术服务业与装备制造业融合发展及效应评价研究——基于AHP-信息熵耦联评价模型．工业技术经济，12：90-98.

高云璐．2012．云计算下信任评估技术的研究．上海：上海交通大学.

高云璐，沈备军，孔华锋．2012．基于SLA与用户评价的云计算信任模型．计算机工程，38（7）：28-30.

葛秋原．2018．基于马尔科夫链的核电厂电机状态预测．项目管理技术，10：124-125.

龚军，张菊玲，吴向前，等．2011．信息系统安全风险评估在校园网中的应用．计算机应用与软件，28（3）：285-288.

苟全登．2013．云计算中可信访问控制的研究．科技通报，29：64-66.

韩起云．2012．基于云环境的信息系统风险评估模型应用研究．计算机测量与控制，20（9）：

2473-2476.

韩伟.2014.电磁感应无线充电系统的设计与实现.苏州:苏州大学.

何通能,任庆鑫,陈德富.2018.基于马尔科夫链的LoRaWAN网络节点性能分析.传感技术学报,9:1399-1405.

何众颖,刘虎.2019.基于灰色马尔科夫链优化模型的船舶到港量预测.中国航海,1:119-125.

侯方勇.2005.存储系统数据机密性与完整性保护的关键技术研究.长沙:国防科学技术大学.

胡春华,陈晓红,吴敏,等.2012.云计算中基于SLA的服务可信协商与访问控制策略.中国科学:信息科学,42(3):314-332.

胡海青,张琅,张道宏,等.2011.基于支持向量机的供应链金融信用风险评估研究.软科学,5:16-30.

胡振寰,王智文,唐博文.2018.基于马尔科夫链的柳州市房价预测研究.广西科技大学学报,4:79-83.

胡振宇,李荣花,叶润国.2012.电子政务云计算系统的风险分析.保密科学技术,9:3-14,27-33.

黄秉杰,赵洁,刘小丽.2017.基于信息熵评价法的资源型地区可持续发展新探.统计与决策,11:34-37.

霍红,冀方亮,丁晨光.2005.熵与供应链管理系统研究.哈尔滨商业大学学报:社会科学版,21(6):40-44.

季涛,李永忠.2012.基于可信计算机制的云计算盲数据处理.山东大学学报(工学版),42(5):30-34.

季一木,匡子卓,康家邦.2014.云环境下用户隐私属性及其分类研究.计算机应用研究,31(5):1495-1498.

贾燕,王润孝,殷磊,等.2003.熵在供应链复杂性研究中的应用.机械科学与技术,22(5):692-695.

姜茸,杨明.2014.云计算安全风险研究.计算机技术与发展,24(3):126-129.

姜茸,马自飞,李彤,张秋瑾.2015.云计算安全风险因素挖掘及应对策略.现代情报,35(1):85-90.

姜政伟,刘宝旭.2012.云计算安全威胁与风险分析.信息安全与技术,11:36-39.

蒋洁.2012.云数据隐私侵权风险与矫正策略.情报杂志,31(7):157-162.

克里斯蒂娜K.2005.全球120家大型企业:决策失误的代价.刘暖暖,梁立榆,译.深圳:海天出版社.

孔华锋,高云璐.2011.云计算环境柔性易扩展的信任协商机制研究.系统工程理论与实践,31:38-42.

黎春兰,邓仲华.2012.论云计算的服务质量.图书与情报,4:1-5.

李德毅.2012. 云计算技术发展报告. 北京：科学出版社.

李东振.2013. 云计算环境下电子商务两级信任评估机制研究. 南京：南京师范大学.

李虹，李昊.2010. 可信云安全的关键技术与实现. 北京：人民邮电出版社.

李仪.2016. 云计算下个人信息的安全风险及应对——以治理信息供应链为路径. 现代情报，36（12）：10-13.

栗蔚.2014. 可信云服务认证标准和评估方法. 北京：2014 可信云服务大会.

林兆骥，付雄，王汝传，等.2011. 云服务安全关键问题研究. 信息化研究，37（2）：1-4.

林志炳，许保光.2006. 一致性风险度量的概念、形式、计算和应用. 统计与决策，5：6-9.

刘恒，王红兵，王勇.2010. 云服务宏观安全风险的评估分析. 黄山：第三届信息安全漏洞分析与风险评估大会.

刘鲁川，孙凯.2012. 云服务用户持续使用的理论模型. 数学的实践与认识，42：129-139.

刘鲁文，陈兴荣，何涛.2014. 基于马尔科夫链的教学效果评估方法. 统计与决策，3：93-94.

刘鹏.2010. 云服务. 北京：电子工业出版社.

刘鹏程，陈榕.2010. 面向云服务的虚拟机动态迁移框架. 计算机工程，36（5）：37-40.

刘双印，徐龙琴，李道亮.2015. 基于粗糙集融合支持向量机的水质预警模型. 系统工程理论与实践，6：1617-1624.

刘雅辉，张铁赢，勒小龙，等.2015. 大数据时代的个人隐私保护. 计算机研究与发展，52：229-248.

卢宪雨.2012. 浅析云环境下可能的网络安全风险. 计算机光盘软件与应用，10：62-64.

吕艳霞，田立勤，孙珊珊.2013. 云服务环境下基于 FANP 的用户行为的可信评估与控制分析. 计算机科学，40：132-135，138.

罗党，王洁方.2012. 灰色决策理论与方法. 北京：科学出版社.

罗海燕，吕萍，刘林忠，等.2014. 云环境下基于模糊粗糙 AHP 的企业信任综合评估. 山东大学学报（理学版），49：111-117.

罗军舟，金嘉晖，宋爱波，等.2011. 云服务：体系架构与关键技术. 通信学报，32（7）：3-21.

马国丰，周乔乔.2018. 基于灰色马尔科夫预测的 PPP 项目特许期调整模型研究. 科技管理研究，17：224-232.

马晓婷，陈臣.2011. 数字图书馆云服务安全分析及管理策略研究. 情报科学，29（8）：1186-1191.

孟超.2013. 基于云计算的病毒恶意软件分析研究. 南京：南京航空航天大学.

苗红，张俊哲，黄鲁成，等.2017. 基于关联规则与信息熵的技术融合趋势研究. 科技进步与对策，16：1-6.

潘辉.2011. 数字图书馆用户隐私问题研究及其对云计算服务的启示. 情报理论与实践，4：44-47.

潘小明，张向阳，沈锡镛，等.2013.云服务信息安全测评框架研究.计算机时代，10：22-26.

彭志行.2006.马尔可夫链理论及其在经济管理领域的应用研究.南京：河海大学.

钱琼芬，李春林，张小庆，等.2012.云数据中心虚拟资源管理研究综述.计算机应用研究，29（7）：2411-2415.

任群.2017.基于信息熵的图像处理技术.大庆师范学院学报，3：26-29.

任伟，雷敏，杨榆.2012.DRT：一种云计算中可信软件服务的通用动态演变鲁棒信任模型.小型微型计算机系统，33（4）：679-683.

舒红平，游志胜，蒋建民.2004.基于信息熵的决策属性分类挖掘算法及应用.计算机工程与应用，1：186-189.

苏强.2011.企业信息系统在云服务模式下面临的安全风险及规避策略.信息与电脑，（4）：15-16.

覃琳，黄炜斌，马光文，等.2017.基于 Verhulst 模型与信息熵理论的能源消费研究.中国人口·资源与环境，11：45-49.

覃正，姚公安.2006.基于信息熵的供应链稳定性研究.控制与决策，21（6）：694-696.

田俊峰，杜瑞忠，蔡红云，等.2014.可信计算与信任管理.北京：科学出版社.

田立勤.2011.网络用户行为的安全可信分析与控制.北京：清华大学出版社.

田梅，朱学芳.2018.基于支持向量机的大学生网络信息偶遇影响因素研究.图书情报工作，8：84-92.

田志勇，关忠良，王思强.2009.基于信息熵的能源消费结构演变分析.系统工程理论与方法，9（1）：118-121.

汪兆成.2011.基于云服务模式的信息安全风险评估研究.信息网络安全，9：56-60.

汪忠，黄瑞华.2005.国外风险管理研究的理论、方法及其进展.外国经济与管理，27（2）：25-31.

王东波，何琳，黄水清.2017.基于支持向量机的先秦诸子典籍自动分类研究.图书情报工作，12：71-76.

王建峰，樊宁，沈军.2012.电信行业云服务安全发展现状.信息安全与通信保密，11：98-101.

王磊，黄梦醒.2013.云服务环境下基于灰色 AHP 的供应商信任评估研究.计算机应用研究，30（3）：742-744，750.

王宁，高光，柴争义.2018.基于马尔科夫随机场的微博用户转发行为预测.中文信息学报，6：107-113.

王鹏.2009.走进云服务.北京：人民邮电出版社.

王生龙，邹志红.2012.基于熵权的灰色聚类法在水质综合评价中的应用.数学的实践与认识，21：83-89.

王文建，夏金华，著.2018.治理理论新探.北京：科学出版社.

王小亮，刘彬，王春露.2012.云计算可信机制的有效性评估方法研究.中国科技论文在线，12：1-9.

王燕，亓祥惠，段亚西.2019.基于马尔科夫随机场的改进 FCM 图像分割算法.计算机工程与应用，2019-04-11.

王志英，葛世伦，苏翔.2016.云用户数据安全风险感知乐观偏差及其影响实证.管理评论，28（9）：121-132.

王子军，刘志永.2011.论企业战略管理对企业发展的意义.科技资讯，5：172.

吴吉义，沈千里，章剑林，等.2011.云计算：从云安全到可信云.计算机研究与发展，48：229-233.

吴清烈，郭昱，武忠.2010.云服务与大规模定制模式应用.电信科学，26：74-78.

吴晓平，付钰.2011.信息系统安全风险评估理论与方法.北京：科学出版社.

吴遥，赵勇.2012.可信云计算平台中外部信任实体的安全性研究.计算机仿真，29（6）：156-158.

夏乐天.2005.梅雨强度指数权马尔科夫链预测.水利学报，36（8）：988-993.

肖云，王选宏.2011.支持向量机理论及其在网络安全中的应用.西安：西安电子科技大学出版社.

谢霖铨，杨莹.2011.多目标风险评估中信息熵的应用.商业时代，7：83-84.

谢晓兰，刘亮，赵鹏.2012.面向云计算基于双层激励和欺骗检测的信任模型.电子与信息学报，34（4）：813-817.

辛军，陈康，郑纬民.2010.虚拟化的集群资源管理技术研究.计算机科学与探索，4（4）：324-329.

邢永康，马少平.2003.多 Markov 链用户浏览预测模型.计算机学报，11：1510-1517.

邢云菲，王晰巍，王铎，等.2018.基于信息熵的新媒体环境下负面网络舆情监测指标体系研究.现代情报，9：41-47.

熊宝库，任长江.2004.熵及其在生物学中的应用.信阳农业高等专科学校学报，14（1）：87-88.

熊礼治，徐正全，顾鑫.2014.云环境数据服务的可信安全模型.通信学报，35：127-137，144.

徐良培，李淑华，陶建平.2010.基于信息熵理论的我国农产品供应链运作模式研究.安徽农业科学，38（5）：2626-2629.

徐锐.2011.价格影响客人的满意度.时代报告：学术版，3：161.

徐鑫，何畏，周永务.2005.熵在供应链供需不确定性中的应用.运筹与管理，14（12）：51-56.

徐元铖.2005.国外风险价值模型研究现状.外国经济与管理，27（6）：44-51.

许瀚，罗亮，孙鹏，孟飒．2019．基于马尔科夫模型的云系统安全性与性能建模．计算机应用，5：1-8．

严建援，甄杰，鲁馨蔓．2014．SLA 下考虑服务中断的云服务提供商信任评价模型．中国系统工程学会学术年会．

严浙平，杨泽文，王璐，等．2018．马尔科夫理论在无人系统中的研究现状．中国舰船研究，13（6）：9-18．

杨俊，薛红志，牛芳．2011．先前工作经验、创业机会与新技术企业绩效——一个交互效应模型及启示．管理学报，8：116-125．

姚茂建，李晗静，吕会华．2018．基于马尔科夫模型的聋生阅读输入分析．北京联合大学学报，3：86-92．

姚潇余，乐安．2012．模糊近似支持向量机模型及其在信用风险评估中的应用．系统工程理论与实践，3：549-554．

袁文成，朱怡安，陆伟．2010．面向虚拟资源的云服务组员管理机制．西北工业大学学报，5（28）：704-708．

张浩．2016．管理科学研究模型与方法．北京：清华大学出版社．

张恒喜，史争军．2011．云时代电子商务安全研究．现代商业，14：69-70．

张建勋，古志民，郑超．2010．云服务研究进展综述．计算机应用研究，27（2）：429-433．

张晴，李云．2019．基于马尔科夫链和物体先验的显著物体检测．计算机工程与设计，4：1038-1045．

张伟匡，刘敏榕，李治准．2011．云时代企业竞争情报安全问题及对策研究．情报杂志，30（7）：8-12．

张显龙．2013．云服务安全总体框架与关键技术研究．信息网络安全，7：28-31．

张学工．2000．关于统计学习理论与支持向量机．自动化学报，26（1）：32-42．

张艳，胡新和．2012．云计算模式下的信息安全风险及其法律规制．自然辩证法研究，28（10）：59-63．

张艳东．2014．基于信任的云计算安全模型研究．山东：山东师范大学．

张怡，孙志刚．2009．面向可信网络研究的虚拟化技术．计算机学报，32（3）：417-423．

张治兵，倪平，付凯，等．2018．云服务安全认证现状研究．信息通信技术与政策，9：55-58．

张宗国．2005．马尔可夫链预测方法及其应用研究．南京：河海大学．

章永来，史海波，周晓锋，等．2014．基于统计学习理论的支持向量机预测模型．统计与决策，5：72-74．

赵冬梅，张玉清，马建峰．2004．熵权系数法应用于网络安全的模糊风险评估．计算机工程，30（18）：21-23．

赵娉婷，韩臻，何永忠．2013．基于 SLA 的云服务动态信任评估模型．北京交通大学学报，37：80-87．

赵少峰，郝孟余．2012. 浅析企业现金流的重要性．企业研究，16：46.

赵向红．2006. 主营业务收入的变化对企业发展的影响．中国乡镇企业会计，9：52-53.

赵晓永，杨扬，孙莉莉，等．2013. 面向用户体验的云服务可信模型研究．小型微型计算机系统，34：450-452.

郑怀义．2001. 导致企业决策失误的几个主要因素．中外企业文化，11：12-13.

郑毅，胡祥培，尹进．2019. 基于多任务支持向量机的健康数据融合方法．系统工程理论与实践，2：418-428.

周畅．2011. 基于云服务的电子商务探讨．现代商贸工业，16：243-244.

周茜，于炯．2011. 云计算下基于信任的防御系统模型．计算机应用，31（6）：1531-1535.

周紫熙，叶建伟．2012. 云服务环境中的数据安全评估技术量化研究．智能计算机与应用，2（4）：40-43.

朱圣才．2013. 基于云服务的信息安全风险分析与探索．西安邮电大学学报，18（4）：89-94.

朱圣才，徐御，金铭彦，等．2013. 基于等级保护策略的云服务安全风险评估．计算机安全，5：39-42.

Abawajy J. 2011. Establishing trust in hybrid cloud computing environments. Proceedings of 2011 IEEE 10th International Conference on Trust, Security and Privacy in Computing and Communications, Changsha IEEE Computer Society.

Ahmadt M. 2010. Security risks of cloud computing and its emergence as 5th utility service. Proceedings of Communications in Computer and Information Science.

Alhamad M, Dillon T S, Chang E. 2010. SLA-based trust model for cloud computing. Proceedings of 2010 13th International Conference on Network-Based Information Systems.

AlSudiari M A, Vasista T. 2012. Cloud computing and privacy regulations: an exploratory study on issues and implications. Advanced Computing An International Journal, 3（2）：159-162.

Anita K N , Brojo K M. 2013. Privacy and security issues in cloud computing. Journal of Global Research in Computer Science, 4（9）：15-21.

Anton M, Florian R, Schahram D. 2009. Comprehensive QoS monitoring of web services and event-based SLA violation detection. The 4th International Workshop on Middleware for Service Oriented Computing.

Armbrust M, Fox A, Griffith R, et al. 2009. Above the Clouds: A berkeley View of Cloud Computing. Berkeley: Distributed Systems Lab, University of California.

Bharat C, Bhawna T. 2011. Cloud computing: towards risk assessment. International Conference on High Performance Architecture and Grid Computing.

Blaze M, Feigenbaum J, Keromytis A D. 1998. Keynot: trust management for public key infrastructures. Proceedings of the 6th International Workshop on Security Protocols.

Bobroff N, Kochut A, Beaty K. 2007. Dynamic placement of virtual machines for managing SLA violations. Proceedings of 10th IEEE Symposium on Integrated Management.

Cachin C, Keidar I, Shraer A. 2009. Trusting the cloud. ACM SIGACT News, 40 (2): 81-86.

Canedo E D, de Sousa Junior R T, de Oliveira Albuquerque R. 2012. Trust model for reliable file exchange in cloud computing. International Journal of Computer Science and Information Technology, 4 (1): 1-18.

Chandran S, Mridula A. 2010. Cloud computing: analysing the risks involved in cloud computing environments. Proceedings of Natural Sciences and Engineering.

Chang C C, Hsu C W, Lin C J. 2000. The analysis of decomposition methods for support vector machines. IEEE Transactions on Neural Networks, 11 (4): 1003-1008.

Chawla V, Songani P. 2011. Cloud computing- the future. Proceedings of the International Conference on High Performance Architecture And Grid Computing.

Chhabra B, Taneja B. 2011. Cloud computing: towards risk assessment. International Conference on High Performance Architecture and Grid Computing.

Ding Y, Wang H M, Shi P C, et al. 2015. Trusted cloud service. Chinese Journal of Computers, 38 (1): 133-149.

Drèze J H. 1974. Axiomatic Theories of Choice, Cardinal Utility and Subjective Probability: a review. Basingstoke: Palgrave Macmillan.

Dykstra J, Sherman A T. 2012. Acquiring forensic evidence from infrastructure-as-a-service cloud computing: Exploring and evaluating tools, trust, and techniques. Digital Investigation, 9: 90-98.

Erwin S. 1944. What is Life? The Physical Aspect of the Living Call. London: Cambridge University Press.

Firdhous M, Osman G, Suhaidi H. 2011. Trust management in cloud computing: a critical review. International Journal on Advances in ICT for Emerging Regions, 4 (2): 24-36.

Foster I, Zhao Y, Lu S Y. 2008. Cloud computing and grid computing 360-degree compared. Proceedings of Grid Computing Environments Workshop.

Gambetta D. 1990. Can we trust? //Gambetta D. Trust: Making and Breaking Cooperative Relations. Oxford: Basil Blackwell.

Gao S. 2001. Strategic risk management and high- tech risks. The Proceedings of Risk Management Forum on the High-Tech Industry in Taiwan and the UK.

Grandison T, Sloman M. 2000. A survey of trust in internet application. IEEE Communications Surveys and Tutorials, 3 (4): 2-16.

Grobauer B, Walloschek T, Stocker E. 2010. Towards a cloud- specific risk analysis framework. Siemens Research Report.

Guerrero R S. 2012. Trust- aware federated IDM in consumer cloud computing. Proceedings of 2012 IEEE International Conference on Consumer Electronics.

Guo Q. 2011. Modeling and evaluation of trust in cloud computing environments. Proceedings of 2011 3rd International Conference on Advanced Computer Control, China IEEE Computer Society.

Habib S M, Ries S, Mühlhäuser M. 2011. Towards a trust management system for cloud computing. Proceedings of 2011 IEEE 10th International Conference on Trust, Security and Privacy in Computing and Communications.

Habib S M, Ries S, Mühlhäuser M. 2010. Cloud computing landscape and research challenges regarding trust and reputation. Proceedings of 2010 Symposia and Workshops on Ubiquitous, Autonomic and Trusted Computing, Darmstadt, Germany IEEE Computer Society.

Heiser J, Nicolett M. 2008. Assessing the Security Risks of Cloud Computing. Stanford: Gartner Group Research Report.

Herbert W A. 1951. Theory of Risk and Insurance. Philadelphia: University of Pennsylvania Press.

Hewitt C. 2008. ORGs for scalable robust privacy-friendly client cloud computing. IEEE Internet Computing, 12 (5): 96-99.

Hsu C W, Lin C J. 2002. A simple decomposition method for support vector machine. Machine Learning, 46: 219-314.

Hsu T H, Lin L Z. 2007. QFD with fuzzy and entropy weight for evaluating retail customer values. Total Quality Management & Business Excellence, 17 (7): 935-958.

Hwang K, Li D Y. 2010. Trusted cloud computing with secure resources and data coloring. IEEE Internet Computing, 14 (5): 14-22.

Hwang K, Sameer K, Yue H. 2009. Cloud security with virtualized defense and reputation-based trust management. Proceedings of DASC'09 Proceedings of the 2009 Eighth IEEE International Conference on Dependable, Autonomic and Secure Computing.

Imed Z, Yassine B. 2014. Aligned-parallel-corpora based semi-supervised learning for arabic mention detection. IEEE/ACM Transactions on Audio, Speech, and Language Processing, 22 (2): 314-324.

Jaynes E T. 1957. Information theory and statistical mechanics. Physics Review II, 108 (2): 171-190.

Joachims T. 1999 Making large-scale SVM learning practical//Schölkopf B, Burges C, Smola A. Advances in Kernel Methods -Support Vector Learning. Cambridge: MIT Press.

Kannan D. 1979. An Introduction to Stochastic Processes. Amsterdam: Elsevier North Holland.

Katarzyna K, Free T. 2008. Contextualization: providing one-click virtual clusters. Proceeding of the 4th IEEE International Conference on e-Science.

Khan K M, Malluhi Q. 2010. Establishing trust in cloud computing. IT Professional, 12 (5): 20-27.

Klein J H H, Cork R B. 1998. An approach to technical risk assessment. International Journal of Project Management, 16 (6): 345-351.

Li F L, Chen Y P. 2014. Information entropy based fuzzy pattern recognition model for identification of vulnerable groups in water resource conflicts. Applied Mechanics and Materials, 6 (10): 316-319.

Li W J, Ping L D, Pan X Z. 2010. Use trust management module to achieve effective security mechanisms in cloud environment. Proceedings of 2010 International Conference on Electronics and Information Engineering.

Liu P Y, Liu D. 2011. The new risk assessment model for information system in cloud computing environment. Procedia Engineering, 15: 3200-3204.

Luhmann N. 1988. Familiarity, confidence, trust: problem and alternatives//Gambetta D. Trust: Making and Breaking Cooperative Relations. Oxford: Basil Blackwell.

Machida F, Kawato M, Maeno Y. 2010. Redundant virtual machine placement for fault- tolerant consolidated server clusters. Proceedings of Network Operations and Management Symposium (NOMS).

Mahbub A, Yang X. 2011. Trust ticket deployment: a notion of a data owner's trust in cloud computing. Proceedings of 2011 IEEE 10th International Conference on Trust, Security and Privacy in Computing and Communications. 2011. Changsha IEEE Computer Society.

Mather T, Kumaraswamy S, Latif S. 2011. Cloud Security and Privacy: An Enterprise Perspective on Risks and Compliance. Boston: O'Reilly Media, Inc.

Mell P, Grance T. 2011. The NIST definition of cloud computing. National Institute of Standards and Technology, 53 (6): 50-57.

Morrell R, Chandrashekar A. 2011. Cloud computing: new challenges and opportunities. Network Security, 10: 18-19.

Müller K R, Smola A J, Rätsch G, et al. 1997. Predicting time series with support vector machines.//Gerstner W, Germond A, Hasler M, et al. Artificial Neural Networks — ICANN'97. ICANN 1997. Lecture Notes in Computer Science. Heidelberg: Springer.

Nguyen H V, Tran F D, Menaud J M. 2009. SLA-aware virtual resource management for cloud infrastructures. Proceeding of the 9th IEEE International Conference on Computer and Information Technology.

Okrent D. 1998. Risk perception and risk management: on knowledge, resource allocation and equity. Reliability Engineering and System Safety, 59 (1): 17-25.

Pearson S. 2013. Privacy, Security and Trust in Cloud Computing. Privacy and Security for Cloud Computing. Berlin: Springer.

Rajagopal R, Chitra M. 2012. Trust based interoperability security protocol for grid and cloud computing. Proceedings of the 2012 Third International Conference on Networking and Computing.

Rong C, Nguyen S T, Jaatun M G. 2013. Beyond lightning: a survey on security challenges in cloud computing. Computers and Electrical Engineering, 39 (1): 47-54.

Ryan K L Ko, Jagadpramana P, Mowbray M, et al. 2011. Trust cloud: a framework for accountability and trust in cloud computing. Proceedings of 2nd IEEE Cloud Forum for Practitioners.

Sangroya A, Kumar S, Dhok J. 2010. Towards Analyzing Data Security Risks in Cloud Computing Environments. Berlin: Springer-Verlag.

Santo N, Gummadi K P, Rodrigues R. 2011. Towards trusted cloud computing. Proceedings of the 2009 Conference on Hot Topics in Cloud Computing 2011.

Saripalli P, Walters B. 2010. QUIRC: a quantitative impact and risk assessment framework for cloud security. 2010 IEEE 3rd International Conference on Cloud Computing.

Shannon C E. 1948. The mathematical theory of communication. The Bell System Technical Journal, 27 (3): 379-423, 623-656.

Sharma A. 2013. Privacy and security issues in cloud computing. Journal of Global Research in Computer Science, 4 (9): 15-17.

Simmel G. 1978. The Philosophy of Money. London: Routledge.

Smola A J. 1998. Learning with Kernels. Berlin: Technische Universität.

Sohn S, Seong P. 2004. Quantitative evaluation of safety critical software testability based on fault tree analysis and entropy. The Journal of Systems and Software, 73: 351-360.

Sotomay B, Keahey K, Foster I, et al. 2007. Enabling cost-effective resource leases with virtual machines. Proceeding of IEEE International Symposium on High Performance Distributed Computing.

Subashini S, Kavitha V. 2011. A survey on security issues in service delivery models of cloud computing. Journal of Network and Computer Applications, 34 (1): 1-11.

Sun D, Chang D, Sun L, et al. 2011. Surveying and analyzing security, privacy and trust issues in cloud computing environments. Procedia Engineering, 15 (1): 2852-2856.

Svantesson D, Clarke R. 2010. Privacy and consumer risks in cloud computing. Computer Law & Security Review, 26: 391-397.

Takabi H, Joshi J B, Ahn G J. 2010. Security and privacy challenges in cloud computing environments. IEEE Security & Privacy, 8: 24-31.

Tanimoto S, Hiramoto M, Iwashita M, et al. 2011. Risk management on the security problem in cloud computing. 2011 First ACIS/JNU International Conference on Computers, Networks, Systems, and Industrial Engineering. IEEE Computer Society: 147-152.

Theoharidou M, Papanikolaou N, Pearson S, et al. 1988. Privacy risk, security, accountability in the cloud. IEEE International Conference on Cloud Computing Technology & Science.

Tian L Q, Lin C, Ni Y. 2010. Evaluation of user behavior trust in cloud computing. Proceedings of 2010 International Conference on Computer Application and System Modeling.

Van H N, Tran F D, Menaud J. 2009. SLA-aware virtual resource management for cloud infrastructures. Proceedings of the 9th IEEE International Conference on Computer and Information Technology.

Vapnik V, Golowich S, Smola A. 1997. Support vector method for function approximation, regression estimation and signal processing//Mozer M, Jordan M, Petsche T. Neural Information Processing Systems. Cambridge: MIT Press.

Wang W, Zeng G S, Tang D Z, et al. 2012. Cloud-DLS: dynamic trusted scheduling for cloud computing. Expert Systems with Applications, 39: 2321-2329.

Ward T, Sipior B J C. 2010. The internet jurisdiction risk of cloud computing. Information Systems Management, 27 (1): 334-339.

Willett A H. 1951. The Economic Theory of Risk and Insurance. Philadelphia: University of Pennsylvania Press.

Wu J Z, Zhang Q. 2011. Multicriteria decision making method based on intuitionistic fuzzy weighted entropy. Expert Systems with Applications, 38 (1): 916-922.

Wyld D C. 2010. Risk in the Clouds: Security Issues Facing Government Use of Cloud Computing. Innovations in Computing Sciences and Software Engineering. Berlin: Springer.

Yu Z W, Ji Z Y. 2012. A survey on the evolution of risk evaluation for information systems security. Energy Procedia, 17: 1288-1294.

Zhang G F, Yang Y, Yuan D, et al. 2012. A trust-based noise injection strategy for privacy protection in cloud. Journal of Software Practice and Experience, 42 (4): 431-445.

Zhang H X. 2012. Comparison of dynamic trust management model in cloud computing. Proceedings of 2012 International Conference on Computer Science & Service System.

Zhang X. 1999. Using class-center vectors to build support vector machines. Proceedings of the 1999 IEEE Signal Processing Society Workshop Neural Networks for Signal Processing IX.

Zhou W Y, Yang S B, Fang J, et al. 2010. VMCTune: a load balancing scheme for virtual machine cluster based on dynamic resource allocation. Proceeding of the 9th IEEE International Conference on Grid and Cloud Computing.

Zissis D, Lekkas D. 2012. Addressing cloud computing security issues. Future Generation Computer Systems, 28: 583-592.